南北方农田地表氮磷流失监测比对报告

NANBEIFANG NONGTIAN DIBIAO DAN LIN
LIUSHI JIANCE BIDUI BAOGAO

杨　波　申　锋◎著

前言

农田地表氮、磷流失对农业面源污染的贡献不可小觑。

氮、磷素作为植物必需的营养元素和重要的生产资料，在农田系统作物生产中扮演着重要的角色。自20世纪80年代化学肥料在我国迅速普及以来，氮、磷（化）肥施用量和单位面积农田施用强度都远远高于有机肥和其他肥料。高产稻田氮肥平均施用量一度超过300kg/hm^2，磷肥平均施用量也高达90kg/hm^2。虽然大量的外源肥料投入能够保障作物产量，但其施用量超过一定限度时会极大地降低肥料利用效率。据统计，我国过量施用化肥导致稻田氮肥利用率徘徊在30%～40%，显著低于发达国家。与此同时，降水和灌溉通过地表径流、侵蚀、淋溶和挥发等途径带走土壤残留的养分，加剧了过剩的营养元素环境排放，大大增加了氮和磷流失的风险。降水过程中，土壤在受到雨滴击打和径流冲刷作用影响下被剥离且产生大量的侵蚀泥沙，这些侵蚀泥沙会一定程度地吸附和携带土壤养分，导致大量表层肥沃土壤也随泥沙进入水体，这不仅会造成水库航道的底泥淤积，更使得农业土壤氮、磷养分流失而成为面源污染物的最大来源。调查发现，我国80%

监测点地下水为Ⅳ和Ⅴ类，其中农田氮素和磷素是导致水环境恶化和水体富营养化的主要因素，尤其是硝态氮易随土壤孔隙水下渗到植物根区以下，最终进入地下水，造成地下水硝态氮含量严重超标。氮、磷的流失不仅增加了农业生产成本，导致资源浪费，还给农业生态环境带来了巨大的威胁。

我国幅员辽阔，自然条件复杂，作物种类及种植方式多样，南北方差异巨大，探究南北方氮、磷主要流失方式对我国耕作土壤营养元素损失及作物氮、磷素利用的影响，并将研究结果合理应用于农业生产，是平衡我国不同地区农业发展和环境保护的关键所在。本书基于南北方典型区域（湖北峒山、天津宁河），以当地常规种植制度双季稻、稻麦/稻油轮作、设施蔬菜轮作等系统为研究对象，系统全面地探究了自然降水条件下不同施肥策略对农田氮、磷流失的影响，可为在保障作物产量的基础上因地制宜减少氮、磷排放提供技术支撑，并为南北方不同区域农业面源污染的源头治理提供方法参考。

在本书出版之际，对在科学研究和本书编写中给予指导的专家老师及参与此项研究工作的研究生一并致以诚挚的谢意。

限于作者水平，书中难免存在疏漏，如有不当之处，敬请读者批评指正。

目录

南北方农田地表氮磷流失监测实验主要结论及建议与展望 …… 57

面源污染监测新方法初探——氮平衡方法估算农田地表氮流失 …… 59

农业面源污染之“难”

我国农业面源污染主要来源于两方面：一是农业生产自身产生的污染，二是农村生活的污染。国内地表水体的污染中，农业面源污染占有相当大的比重，地表水50%以上的氮、磷源于农业面源污染。对太湖、巢湖、滇池流域进行的分析表明，太湖入湖总氮量的77%、总磷量的33.4%，巢湖入湖总氮量的69.5%、总磷量的51.7%，滇池外海入湖总氮量的53%、总磷量的42%源于农业面源污染。由此可见，农业面源污染对水体污染的贡献率超过点源污染，成为地表水污染的主要污染源。

1 农业面源污染的监测之难

农业面源污染的高度分散性，造成了对其排放实施监测极其困难。近些年来自然科学领域在研究运用遥感（RS）技术和地理信息系统（GIS）对农业面源污染进行模型化描述和模拟方面取得了一定进展，但所得数据的准确性高度依赖建模的科学性，而农业面源污染发生和影响范围的时空不确定性使得模型模拟会随时失灵，致使所得信息虚假或随时有失真的可能。如何及时有效地对农业面源污染排放实施监测，目前还是一个理论和实践难题。

2 农业面源污染的治理之难

第一，有关农业面源污染的基础信息不足。缺乏监测数据和统计资料是农业面源污染防治的一大困境。长期以来，我国的环境监测和统计在农村地区存在漏洞，几乎没有系统的统计资料，包括农业面源污染在内的许多农村环境问题难以得到准确及时的反映。目前有关农业面源污染的全国性基础资料只有2010年第一次全国污染源普查及2018年第二次全国污染源普查的数据。

第二，已有的适用于点源污染治理的制度和技术对农业面源污染防治失灵。囿于农业面源污染的高度分散性和排放受气候等自然因素影响而具有时空不确定性，其污染物输送并不能由人为控制，田间水的淋溶和径流是其输送的主要动力和媒介，土地是其输送的载体，若简单将主要考虑人的因素的工业点源污染防治技术直接搬用到农业面源污染防治上，显然缺乏可操作性。

南北方典型地区面源污染特征

我国幅员辽阔，自然条件复杂，作物种类及种植方式多样，南北方差异巨大。

例如黄淮海半湿润平原区（包括黄河、淮河、海河流域中下游的北京、天津、河北、山东、河南大部以及苏北、皖北、黄河支流的汾渭盆地和长江流域的南阳盆地），土壤类型以潮土、褐土、棕壤为主，是我国著名的粮食、蔬菜和水果产区。粮食作物以小麦、玉米、水稻为主，兼有少量大豆、甘薯、高粱，种植制度以水稻—小麦/小麦—玉米轮作最为普遍；蔬菜作物种类齐全，以日光温室栽培为主；果树作物以苹果、桃、梨、葡萄等较为著名。本区地形平坦，化肥用量高，灌溉条件好，地下淋溶是本区氮、磷流失的主要途径，特别是集约化蔬菜种植区更为严重。

而在南方湿润平原区（主要包括成都平原、江汉平原、洞庭湖平原、鄱阳湖平原、皖中平原、苏北平原、太湖平原、长江三角洲、杭嘉湖平原、东南沿海平原），该区水田占70%，旱地仅占30%，土壤类型以水稻土、红壤、潮土、紫色土为主。本区粮食作物播种面积占68%，水稻占绝对优势，其次为小麦，经济作物以油菜、棉花、桑、茶、柑橘等为主，蔬菜作物以露地栽培和塑料大棚种植为主。该区域降水较为丰富，河网密布，化肥用量中等偏高，氮、磷流失以地表径流途径为主，塑料大棚存在淋溶风险。

南北方氮磷流失差异性对照监测方案

采用径流池法、淋溶盘收集法，在天津宁河（菜地、稻田、旱田）、湖北峒山（菜地、稻田）分别开展营养元素不同形态及总量的地下淋溶和地表径流监测。选择典型耕作模式，每个模式3次重复，随机区组排列，以获得各类种植模式常规生产条件下种植业源氮、磷流失基础数据。

湖北峒山：双季稻种植，稻—油轮作，全年蔬菜轮作。

天津宁河：稻—麦轮作，全年蔬菜轮作。

1 监测设计

每种轮作模式设3个监测点，每个监测点设4个小区。小区面积、形状、规格完全相同，小区面积为30～50m² [（4～6）m×（6～8）m]。每个小区配套一个田间径流池（4.5m³），平原区和山地丘陵区地表径流监测小区排列示意见图1和图2。同时采用淋溶盘收集法或田间径流池法监测农田地下淋溶状况，分别在地面以下30cm、60cm、90cm处设置淋溶液收集装置（淋溶监测小区淋溶盘安装如图3所示）。试验区域外围设置5m的保护行。每个试验小区灌溉水出水口和地表径流出水口均安装计量器具。

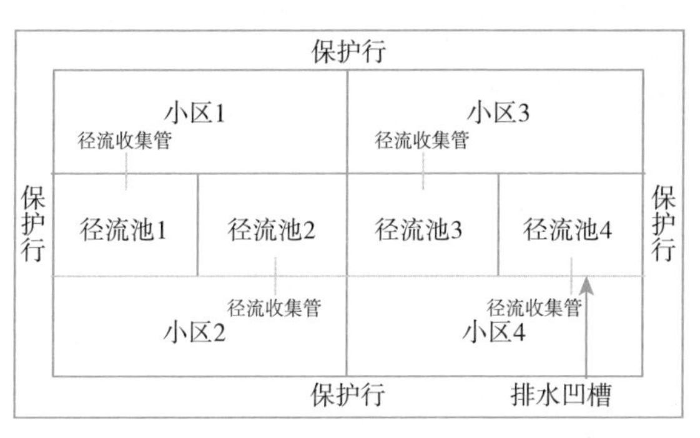

图 1　平原区地表径流监测小区排列示意

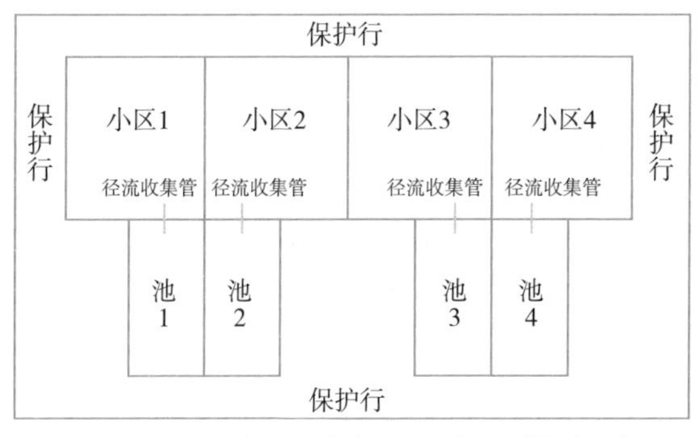

图 2　山地丘陵区地表径流监测小区排列示意

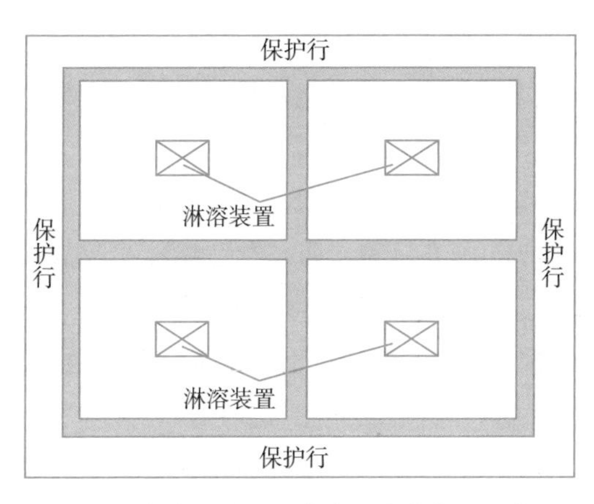

图 3　淋溶监测小区淋溶盘安装位置示意

2 监测设施建设

各监测点参照《农田面源污染监测技术规范》、《农田地下淋溶面源污染监测设施建设技术规范》、《水田地表径流面源污染监测设施建设技术规范》、《水旱轮作农田地表径流面源污染监测设施建设技术规范》、《坡耕地农田径流面源污染监测设施建设技术规范》和《平原旱地农田地表径流面源污染监测设施建设技术规范》等6项技术规范实施建设。

3 监测周期

原位监测包括作物生长阶段，也包括农田非种植时段。

4 监测内容

监测期间，详细记录监测地块基本信息以及作物栽培、耕作、灌溉、施肥等田间管理措施。对地表径流（包括降水或灌溉的径流和融雪径流）、地下淋溶（包括降水或灌溉的淋溶和融雪淋溶）、降水（包括雨、雪、霰雹和雨凇等）和灌溉水等各类水样品，土壤样品以及作物样品进行采集、编号、保存及测试。其中地表径流和地下淋溶水样的采集方法、分析和计算参照《农田面源污染监测技术规范》。

每个监测点在每季作物收获时采集植株样品及土壤样品（地表径流点土壤采集深度为0～20cm；地下淋溶点采集深度为0～100cm，20cm一层）。植株的监测指标包括籽粒和秸秆的产量、含水率（籽粒和秸秆分开测定）、全氮、全磷、全钾含量。土壤的测试指标包括含水率、硝态氮、铵态氮、有机质、全氮、总磷、全钾、Olsen-P、速效钾、pH。水样监测指标包括径流、淋溶、降水、灌溉样品的水量、总氮、铵态氮、硝态氮、可溶性总氮、总磷和可溶性总磷，降雨和灌溉样品的 pH。

样品采集频次、测试指标及采用方法详见表 1 和表 2。

表 1　样品采集频次及其测试指标

样品名称	类别	采样频次	测试指标
地表径流	必测	每次产流均需采样	径流量、总氮、可溶性总氮、硝态氮、铵态氮、总磷、可溶性总磷
地下淋溶水	必测	每次产流均需采样	淋溶水量、总氮、可溶性总氮、硝态氮、铵态氮、总磷、可溶性总磷
基础土壤（风干）	新建点必测	监测设施建设期间采样	有机质、全氮、全磷、Olsen-P、速效钾、pH（由中国农业科学院统一测试）
基础土壤（新鲜）	新建点必测	监测设施建设期间采样	土壤含水率、硝态氮、铵态氮、可溶性总氮、分层次的土壤容重
监测期土壤（风干）	必测	每年秋季作物收获后采样	有机质、全氮、全磷、全钾、Olsen-P、速效钾、pH
监测期土壤（新鲜）	必测	每年秋季作物收获后采样	土壤含水率、硝态氮、铵态氮
作物收获物 1	必测	每季作物收获期采样	收获物产量
作物收获物 2	必测	每季作物收获期采样	样品干重、鲜重、含水率、全氮、全磷、全钾
作物废弃物 1	必测	每季作物收获期采样	废弃物产量
作物废弃物 2	必测	每季作物收获期采样	样品干重、鲜重、含水率、全氮、全磷、全钾
降水	必测	每次降水后采样	降水量、总氮、硝态氮、铵态氮、可溶性总氮、总磷、可溶性总磷、pH
灌溉水	必测	每次灌溉采样	灌溉量、总氮、硝态氮、铵态氮、可溶性总氮、总磷、可溶性总磷、pH

表 2　测试指标及采用方法

	测试指标	标准检测方法	标准号
土壤	含水量	重量法	HJ 613—2011
	pH	电位法	NY/T 1377—2007
	容重	环刀法	NY/T 1121.4—2006
	有机质	重铬酸钾容量法	GB 9834—88
	全氮	凯氏定氮法	NY/T 1121.24—2012
	全磷	氢氧化钠熔融-钼锑抗分光光度法	HJ 632—2011
	全钾	氢氧化钠熔融-原子吸收分光光度法	NY/T 87—1988
	可溶性总磷	过硫酸钾氧化-钼蓝比色法	GB 11893—89
	Olsen-P	0.5mol/L $NaHCO_3$ 浸提，钼锑抗比色法	NY/T 1121.7—2014
	$CaCl_2$-P	0.01mol/L $CaCl_2$ 浸提，钼蓝比色法	NY/T 1121.7—2014
	速效钾	乙酸铵-火焰光度计法	NY/T 889—2004
	可溶性总氮	碱性过硫酸钾氧化-紫外分光光度法	
	硝态氮	流动注射分析法	DB22/T 2270—2015
	铵态氮	流动注射分析法	DB22/T 2270—2015
植株	全氮	$H_2SO_4-H_2O_2$ 消煮-凯氏定氮法	NY/T 2419—2013
	全磷	$H_2SO_4-H_2O_2$ 消煮-钼蓝比色法	NY/T 2421—2013
	全钾	$H_2SO_4-H_2O_2$ 消煮-原子吸收法	NY/T 2420—2013
水样	总氮	碱性过硫酸钾消解紫外分光光度法	HJ 636—2012
	总磷	钼酸铵分光光度法或连续流动法	GB 11893—89，HJ 670—2013
	铵态氮	靛酚蓝法或连续流动注射仪法	GB 17378.4，HJ 667—2013
	硝态氮	酚二磺酸分光光度法或流动注射法	GB/T 7480—1987，HJ/T 346—2007
	可溶性总磷	连续流动-钼酸铵分光光度法	HJ 670—2013

北方典型地区（天津宁河）氮磷流失时空分布特征

1 稻田氮磷流失

农田氮、磷流失在特定的条件如降水、土壤含水量和田间植被覆盖度等因素影响下，呈现一定的规律性。确定区域内农田氮、磷流失特征对因时因地制定养分削减策略具有重要意义。

1.1 实验设置

选择减量施肥、施用有机肥以及减量施肥与有机肥配施 3 种种植业面源污染防治技术，设置了 6 种施肥处理，研究不同施肥处理稻田种植模式土壤氮、磷流失特征。将施肥水平设置为常规施肥（CF）、氮肥减施 20%（CL）、氮肥减施 40%（CM）、全量施用有机肥（CFI）、氮肥减施 20%＋施用 20%有机肥（CLI）、氮肥减施 40%＋施用 40%有机肥（CMI）。6 种处理见表 1。

稻季试验于 2021 年 6～11 月进行。水稻采用育苗移栽，试验水稻品种为南粳 3908，移栽密度 30cm×14cm。试验小麦品种为扬麦 16，小麦季所有处理磷、钾肥均在基肥时一次性施入（有机肥中钾、磷不足部分用化肥补足）。氮肥按天津地区农作物生产中常规施肥比例，分 3 次施入，稻季即 2021 年 7 月 13 日、2021 年 8 月 22 日和 2021 年 9 月 12 日分别施基肥、分蘖肥和拔节肥（施肥比例为 3.5∶3∶3.5），麦季于 2020 年 11 月至 2021 年 6 月进行，排水口高度固定设置为 8cm。

表 1　不同处理具体施肥量

处理	化肥（kg/hm^2）			有机肥（kg/hm^2，以 N 计）
	氮（N）	磷（P_2O_5）	钾（K_2O）	
CF	200	90	120	—
CL	160	90	120	—
CM	120	90	120	—
CFI	0	90	120	200
CLI	160	90	120	40
CMI	120	90	120	80

试验期间共连续种植 3～4 季蔬菜，主要种植蔬菜种类为苦瓜、菜心、辣椒、南瓜等。试验设置同稻—麦轮作。每个处理 3 个重复，单个小区面积 $25m^2$（5m×5m），随机区组排列，每个小区之间有 0.8m 宽的保护行。

1.2 样品采集

基肥施用前使用土钻于试验小区内随机多点采集耕层土壤，测定土壤基本理化性质。稻季收集径流发生后每 5min 及径流发生 40min 后每 10min 的各时段混合径流样并记录径流量。另外，为便于分析，对径流发生过程中不同的阶段进行定义，即径流初期（0～20min）、径流中期（20～40min）、径流中后期（40～60min）和径流后期（60min+）。每次降水或灌溉时皆收集雨水或灌溉水，以扣除水中养分背景值。试验结束后将径流样及土样带回实验室及时测定。

1.3 稻田氮磷径流流失

不同处理稻田径流量见表 2。水稻生育期内共发生 4 次明显的产流事件，因水稻生育期处于天津雨季，降水量较大，累计径流量为1 142～1 156m^3/hm^2，各处理间无显著差异。但4次产流事件径流量有较大差异，7月18日、7月30日、8月15日和9月23日平均径流量分别为210m^3/hm^2、368m^3/hm^2、261m^3/hm^2、307m^3/hm^2。

表2　不同处理稻田径流量

处理	径流量（m^3/hm^2）				累计量（m^3/hm^2）
	7月18日	7月30日	8月15日	9月23日	
CF	211	365	268	298	1 142
CL	203	370	269	303	1 145
CM	210	363	261	310	1 144
CFI	215	359	253	321	1 148
CLI	217	375	257	307	1 156
CMI	206	379	260	306	1 151
平均径流量	210	368	261	307	1 146

1.3.1　稻田氮素径流流失

由表3可知，化肥减施增效技术模式能有效减少天津地区稻田总氮径流流失。产流期间CF处理水稻季总氮径流流失量为54.78kg/hm^2，显著高于化肥农药减施增效技术模式。产流期间，CL、CM、CFI、CLI和CMI处理水稻季总氮径流流失量分别为43.04kg/hm^2、45.44kg/hm^2、41kg/hm^2、34.36kg/hm^{2}和25.17kg/hm^2，较CF模式分别降低21.43%、17.05%、25.16%、37.28%和54.05%。

由于后3次产流事件发生在施肥之后一段时间，9月23日总氮径流流失量已降低到2.46～6.3kg/hm^2，处于较低水平。由降水造成的4次产流事件中减氮及配施有机肥处理径流总氮、铵态氮流失量皆显著低于常规施肥处理（表3）。

表3　不同处理稻田氮素径流流失量

处理	总氮流失量（kg/hm²）				铵态氮流失量（kg/hm²）				硝态氮流失量（kg/hm²）			
	7月18日	7月30日	8月15日	9月23日	7月18日	7月30日	8月15日	9月23日	7月18日	7月30日	8月15日	9月23日
CF	19.75	17.03	11.70	6.30	9.30	8.89	6.01	3.10	3.21	0.62	0.59	0.60
CL	15.30	14.60	8.00	5.14	8.03	7.10	4.41	2.24	2.12	0.55	0.55	0.56
CM	16.80	14.30	9.84	4.50	8.78	6.69	5.37	2.13	2.09	0.51	0.49	0.48
CFI	15.20	13.10	9.01	3.69	7.45	6.30	4.98	1.77	2.06	0.54	0.51	0.52
CLI	14.60	10.10	7.20	2.46	7.02	5.12	3.30	1.02	2.05	0.49	0.47	0.49
CMI	9.01	7.81	5.30	3.05	4.88	4.07	2.65	1.56	2.05	0.50	0.48	0.51

1.3.2　稻田磷素径流流失

在4次产流事件中，各处理总磷和无机磷径流流失量分别为0.081～0.504kg/hm² 和0.010～0.323kg/hm²（表4），各处理之间总磷径流流失量相差不大，其中CFI、CLI、CMI处理总磷径流流失量在后3次产流事件中无显著差异，CF处理总磷和无机磷径流流失量在每次产流事件中均最高。第1次产流事件中稻田总磷径流流失量占整个生育期流失量的47.33%～59.61%；后3次产流事件中稻田总磷流失量大幅度下降，分别占15.31%～20.20%、11.15%～16.24%、11.15%～16.24%。

表4　不同施肥模式下稻田磷素径流流失量

处理	总磷流失量（kg/hm²）				无机磷流失量（kg/hm²）			
	7月18日	7月30日	8月15日	9月23日	7月18日	7月30日	8月15日	9月23日
CF	0.504	0.158	0.095	0.095	0.323	0.073	0.025	0.025
CL	0.397	0.102	0.083	0.084	0.253	0.067	0.017	0.014
CM	0.358	0.103	0.083	0.084	0.249	0.066	0.016	0.014
CFI	0.290	0.102	0.082	0.082	0.174	0.038	0.015	0.011
CLI	0.264	0.102	0.081	0.082	0.154	0.038	0.015	0.011
CMI	0.239	0.102	0.082	0.082	0.127	0.039	0.015	0.010

1.4 稻田氮磷淋溶流失

1.4.1 稻田氮素淋溶流失

整个水稻季稻田淋溶液总氮浓度为 2.24～43.37mg/L，平均为 9.96mg/L。各施肥处理稻田淋溶液总氮浓度在试验初期较高，可能因为此时稻秧处于移栽初期，对氮的吸收能力不强，而且刚施完基肥，土壤中营养元素含量较高，易随渗漏水向下迁移。分蘖期追肥后，CLI 和 CMI 处理稻田淋溶液总氮浓度小幅度升高，之后降至较低浓度并趋于稳定。整个施肥期各处理稻田淋溶液总氮浓度呈下降趋势（图 1）。6 个处理稻田淋溶液总氮浓度在水稻试验前期有较大差异，但在试验后期无显著差异，试验前期全量施用有机肥处理（CFI）总氮浓度较高，甚至高于 CL 和 CM 处理。CF、CL、CM、CFI、CLI、CMI 处理淋溶液平均总氮浓度分别为 14.09mg/L、10.59mg/L、7.98mg/L、11.85mg/L、7.37mg/L、5.48mg/L。

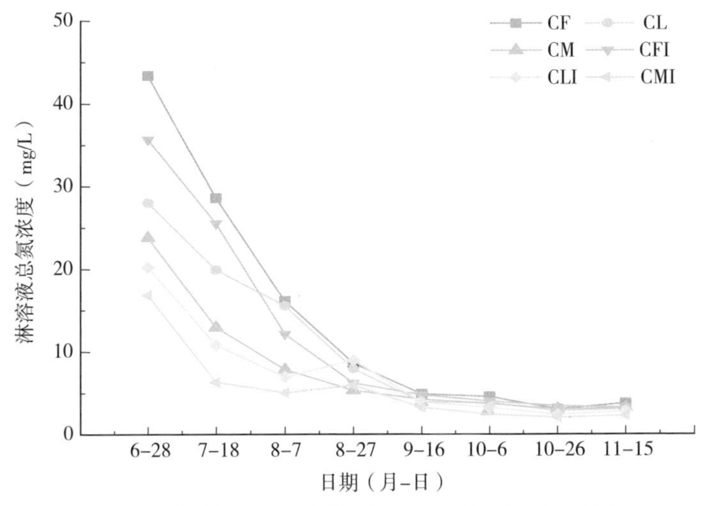

图 1　不同处理稻田淋溶液总氮浓度随时间变化情况

整个水稻季稻田淋溶液铵态氮浓度为 0.97～5.13mg/L，平均浓度为 3.22mg/L。各施肥处理稻田淋溶液铵态氮浓度在整个水稻生长期呈现初期较高并且逐渐缓慢下降的趋势（图 2）。水稻生育期内各施肥处理稻田淋溶液平均铵态氮浓度整体较低，通过追肥使得铵态氮浓度略微升高。

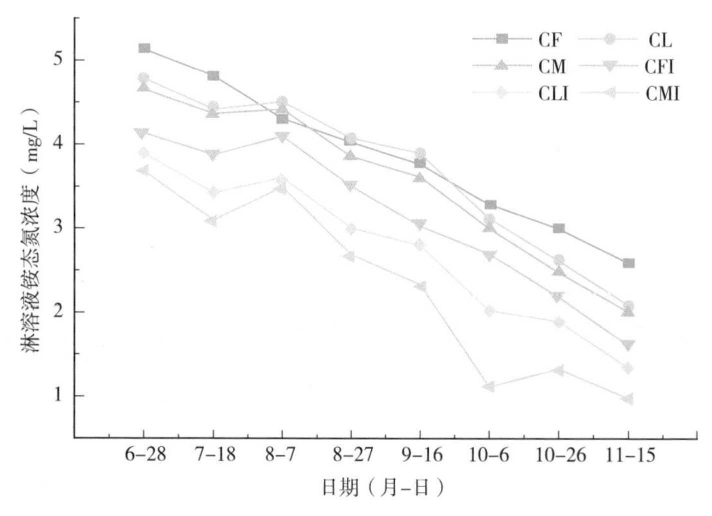

图 2　不同处理稻田淋溶液铵态氮浓度随时间变化情况

整个水稻季稻田淋溶液硝态氮浓度为 2.14～26.84mg/L，平均浓度为 7.99mg/L。各施肥处理稻田淋溶液硝态氮浓度呈现初期高，随后降低并趋于稳定的趋势（图 3）。和稻田淋溶液总氮浓度动态变化较为相似，水稻生长期 CF、CL、CM、CFI、CLI、CMI 处理淋溶液硝态氮浓度分别为 5.01～26.84mg/L、4.95～16.78mg/L、4.89～14.32mg/L、2.51～12.89mg/L、2.39～11.13mg/L、2.34～9.68mg/L。常规施肥（CF）处理稻田淋溶液硝态氮浓度明显高于其他施肥处理，两个配施处理的稻田淋溶液硝态氮浓度都较低。

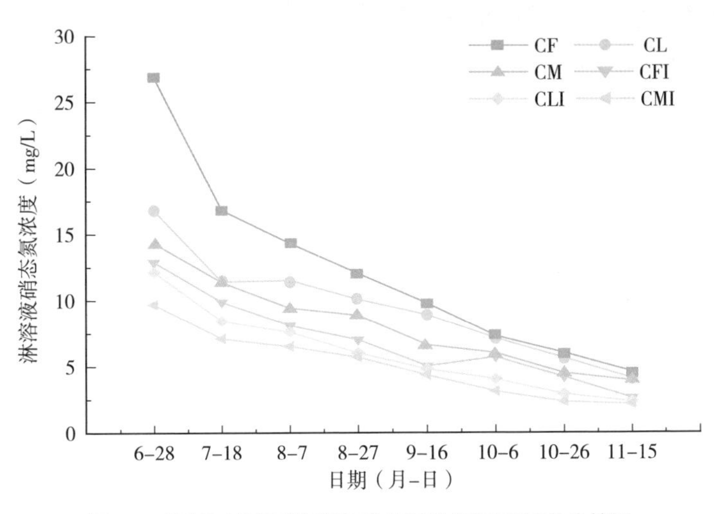

图 3　不同处理稻田淋溶液硝态氮浓度随时间变化情况

稻田氮素淋溶流失量见表 5。稻田总氮淋溶流失量为 9.74～21.14kg/hm^2，由大到小为 CF＞CL＞CM＞CFI＞CLI＞CMI。常规施肥（CF）处理稻田总氮淋溶流失量为 21.14kg/hm^2，优化施肥的 5 个处理稻田总氮淋溶流失量比常规施肥处理平均减少了 32.37％，化肥减施处理稻田总氮淋溶流失量比常规施肥处理平均减少了 18.52％，有机肥处理稻田总氮淋溶流失量比常规施肥处理

表 5　不同处理稻田氮素淋溶流失量

处理	总氮流失量 (kg/hm^2)	铵态氮流失量 (kg/hm^2)	占比 (％)	硝态氮流失量 (kg/hm^2)	占比 (％)
CF	21.14	6.28	29.71	1.87	8.85
CL	17.56	5.73	32.63	3.66	20.84
CM	16.89	4.02	23.80	2.75	16.28
CFI	14.64	4.97	33.95	3.02	20.63
CLI	12.65	3.58	28.30	2.31	18.26
CMI	9.74	3.21	32.96	1.12	11.50

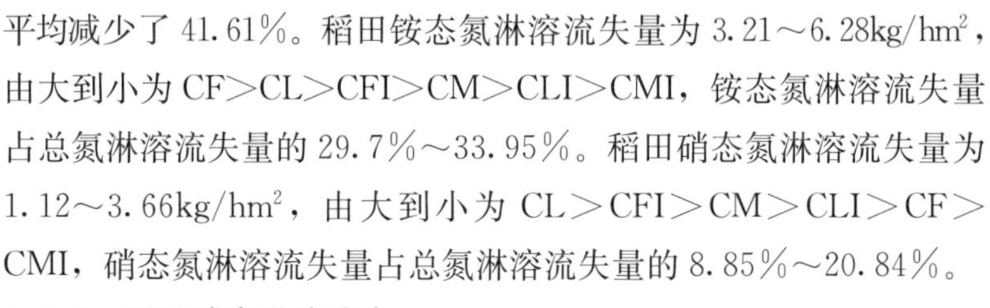
平均减少了41.61%。稻田铵态氮淋溶流失量为3.21～6.28kg/hm²，由大到小为CF＞CL＞CFI＞CM＞CLI＞CMI，铵态氮淋溶流失量占总氮淋溶流失量的29.7%～33.95%。稻田硝态氮淋溶流失量为1.12～3.66kg/hm²，由大到小为CL＞CFI＞CM＞CLI＞CF＞CMI，硝态氮淋溶流失量占总氮淋溶流失量的8.85%～20.84%。

1.4.2 稻田磷素淋溶流失

不同处理稻田淋溶液总磷浓度变化如图4所示。由图4可知，淋溶期间总磷浓度为0.4～7.95mg/L，呈现先迅速降低后基本稳定的变化趋势，7月18日前优化施肥处理总磷浓度显著低于CF处理（$p<0.05$）。随着淋溶发生，磷素以可溶性磷形式向下层土壤迁移或被土壤固定吸持，各处理的淋溶液总磷浓度迅速降低，至试验结束（10月26日），CF、CL、CM、CFI、CLI、CMI处理的淋溶液总磷浓度相对于试验初始浓度均降低60%以上，因此在施肥后应控制磷素淋溶流失以及防控磷素淋溶流失造成的水体污染。

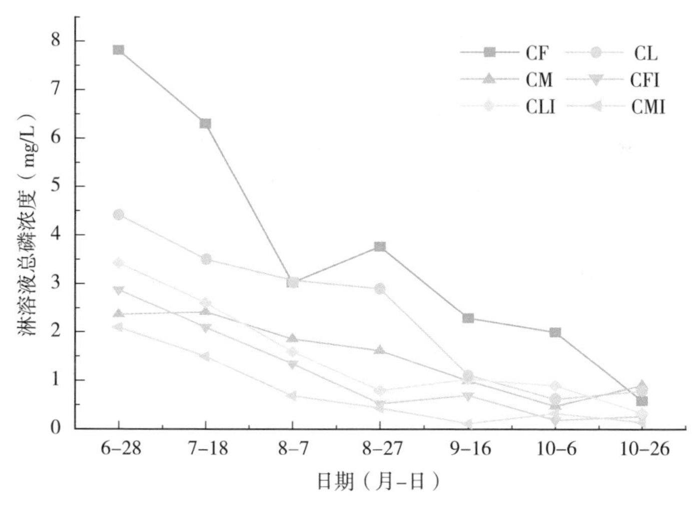

图4 不同处理稻田淋溶液总磷浓度随时间变化情况

2 麦田氮磷流失

2.1 麦田总氮径流流失

由图 5 可知，麦田不同处理总氮径流流失量主要集中在小麦生育前期，随着生长发育，小麦对氮素的需求和吸收利用率提高，径流总氮浓度呈下降趋势。从整个小麦季来看，不同处理地表径流总氮浓度为 2～6.13mg/L，CF 处理径流平均总氮浓度最高。有机肥配施处理平均总氮浓度低于化肥减施处理。不同施肥处理麦季总氮径流流失量为 0.4～2.66kg/hm^2，CF 处理显著高于其他施肥处理。这可能是小麦生育前期，氮素化肥施入较多且养分释放速度较快，而有机肥养分释放速度较缓慢，且降水比较集中，从而导致氮素径流流失。由此可知，有机肥部分替代化肥处理有利于降低氮素径流流失的风险。

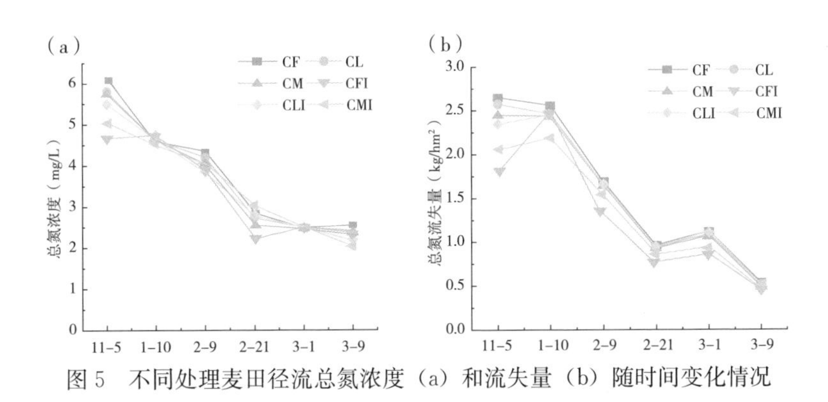

图 5 不同处理麦田径流总氮浓度（a）和流失量（b）随时间变化情况

2.2 麦田总磷径流流失

由图 6 可知，麦田不同处理总磷径流流失量总体呈现逐渐降低的规律。地表径流总磷浓度为 0.102～1.123mg/L，其中 CFI 处理平均总磷浓度显著高于其他处理，优化施肥处理的平均浓度差异不显著。麦季的总磷径流流失量各处理之间有显著差异，CFI 处理的总磷径流流失量在所有施肥处理中处于最高值。不同施肥处理麦田总磷径流流失量为 0.01～0.609kg/hm²，施用有机肥处理的总磷径流流失量较 CF 处理增加，且高于 CM 处理，但 CL 和 CLI 处理的总磷径流流失量与 CF 处理相当。

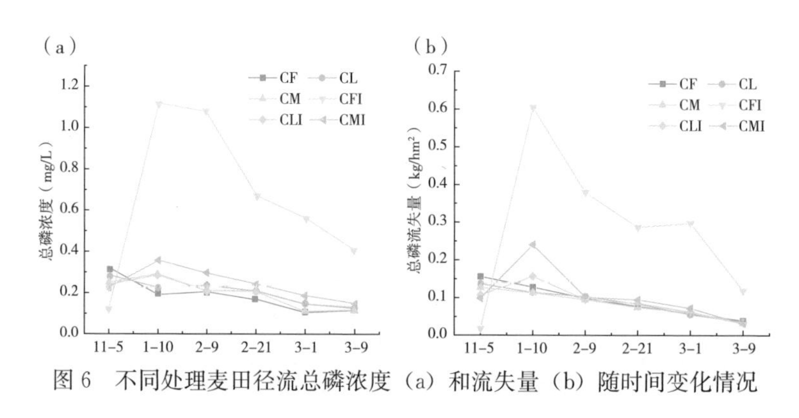

图 6　不同处理麦田径流总磷浓度（a）和流失量（b）随时间变化情况

3　菜地氮磷流失

3.1　菜地氮磷径流流失

3.1.1　菜地氮素径流流失

6～11 月种植期间，共产生 4 次径流。不同施肥处理总氮径流流失量有所差异，但都表现出与施肥时间和降水量的密切联系。在施基肥后，所有施肥处理的总氮径流流失量平均值为 6.31kg/hm²，之后各施肥处理总氮径流流失量随着施肥时间间隔的增加而减少，9 月 23 日总氮径流流失量平均值降低至 1.15kg/hm²。对比不同施肥处理总氮径流流失量，每次径流中总氮径流流失量最高的都为常规施肥处理（CF），有机肥配施处理与常规施肥处理相比总体表现出总氮径流流失量呈降低的趋势，在降水量大时差异更加明显。图 7 是不同施肥处理试验期间 4 次径流中总氮流失量的总和。由图 7 可见，各施肥处理总氮流失量由大到小为 CF＞CM＞CL＞CFI＞CLI＞CMI。CF 处理的总氮径流流失量高于其他处理 29.88%～76.33%，CM 与 CL 处理的总氮流失量分别为 26.66kg/hm²、25.82kg/hm²，差异不显著。由 CFI、CLI、CMI 处理结果可知，总氮径流流失量并非随有机肥施入量的增加而降低，其径流流失量分别为 18.86kg/hm²、12.92kg/hm² 和 9.00kg/hm²。

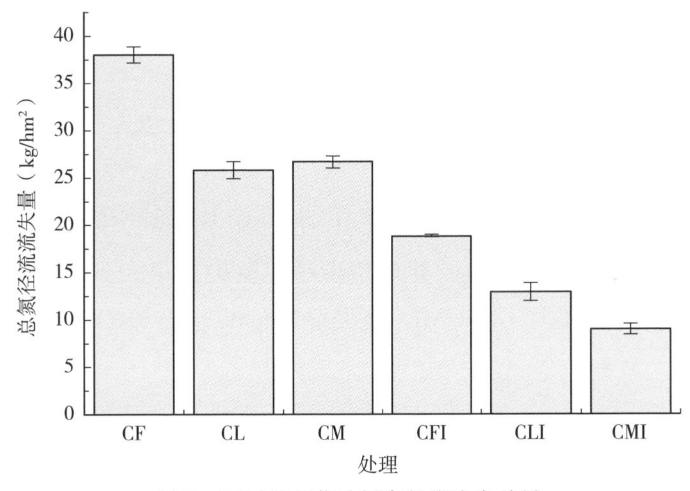

图 7　不同处理菜地氮素径流流失总量

不同施肥处理对氮素径流流失量的影响见表 6。各施肥处理的总氮径流流失量为 9.00～38.02kg/hm²，硝态氮径流流失量为 5.09～25.83kg/hm²，铵态氮径流流失量为 0.75～4.73kg/hm²，可溶性有机氮径流流失量为 2.41～7.20kg/hm²。蔬菜地硝态氮径流流失量占总氮径流流失量的 56.56%～67.94%，说明硝态氮是菜地氮素径流流失的主要形态；铵态氮径流流失量占总氮径流流失量的比例较小；可溶性有机氮径流流失量在前二者之间，可溶性有机氮径流流失量占总氮径流流失量的17.92%～28.28%。

表6　不同施肥处理菜地氮素径流流失量

处理	总氮流失量（kg/hm²）	硝态氮流失量（kg/hm²）	占比（%）	铵态氮流失量（kg/hm²）	占比（%）	可溶性有机氮流失量（kg/hm²）	占比（%）
CF	38.02	25.83	67.94	4.73	12.44	7.20	18.94
CL	25.82	15.82	61.27	3.05	11.81	5.23	20.26
CM	26.66	15.84	59.41	2.57	9.64	7.54	28.28
CFI	18.86	12.26	65.01	1.70	9.01	3.38	17.92
CLI	12.92	7.91	61.22	1.10	8.51	2.80	21.67
CMI	9.00	5.09	56.56	0.75	8.33	2.41	26.78

3.1.2　菜地磷素径流流失

图8是试验期间不同施肥处理4次径流中总磷径流流失量的总和。由图8可见，各施肥处理总磷径流流失量由大到小为CF>CFI>CL>CM>CLI>CMI，流失量为0.023 4～0.092 8kg/hm²。

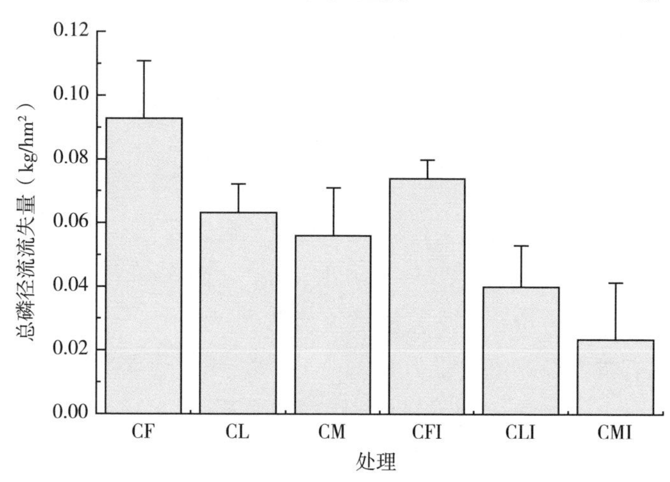

图8　不同处理菜地磷素径流流失量

与 CF 相比，优化施肥处理总磷径流流失量分别下降了 31.90%（CL）、39.66%（CM）、20.37%（CFI）、56.90%（CLI）和 74.78%（CMI），表明优化施肥处理使得磷素不易随地表径流而流失。

3.2 菜地氮磷淋溶流失

3.2.1 菜地氮素淋溶流失

由图 9 可以看出，在施用基肥前后总氮淋溶流失量各处理之间相差不大。由于施肥前期肥料中的总氮还未完全淋溶至土壤下层，此时淋溶液总氮主要为土壤中原有的残留氮素，浓度为 3.98～5.85mg/L。各不同施肥处理淋溶液总氮浓度 8 月 27 日达到最大值，各处理之间的淋溶液总氮浓度较初始浓度上升了 32.88%～50.51%。常规施肥处理淋溶液总氮浓度高于其他处理，表明常规施肥中氮素释放速度快、较易流失，对地下水环境污染的风险较大。

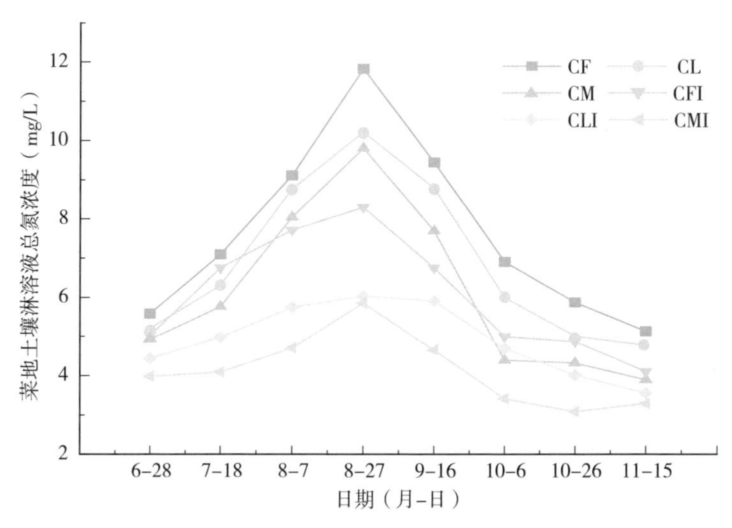

图 9　不同处理菜地淋溶液氮素浓度随时间变化情况

6～11月种植期间，共产生8次淋溶水。不同施肥处理总氮淋溶流失量有所差异，6月28日各施肥处理总氮淋溶流失量平均值为0.046kg/hm²，7月18日增长至0.055kg/hm²。8月7日，各施肥处理总氮淋溶流失量平均值为0.069kg/hm²。图10是不同施肥处理对菜地土壤总氮淋溶流失总量的影响。各施肥处理总氮淋溶流失量由大到小为CF>CL>CFI>CM>CLI>CMI。CF处理显著高于其他施肥模式（26.20%～56.46%），说明氮素在常规施肥模式下较易随淋溶水流失。CF、CL、CM处理的总氮淋溶流失量之间差异显著，淋溶流失量分别为2.71kg/hm²、2.00kg/hm²、1.60kg/hm²。与常规施肥（CF）处理相比，CFI、CLI、CMI 3个有机肥处理的总氮淋溶流失量分别降低了35.4%、47.97%、56.09%。

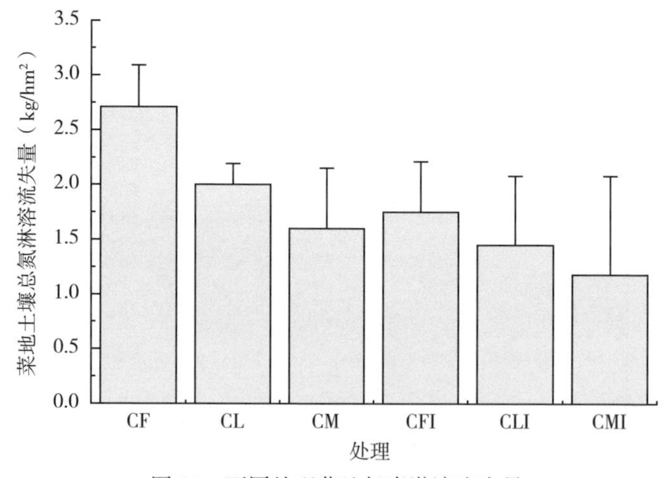

图10　不同处理菜地氮素淋溶流失量

不同施肥处理对氮素淋溶流失量的影响见表7。各施肥处理的总氮淋溶流失量为1.18～2.71kg/hm²，硝态氮淋溶流失量为0.24～0.84kg/hm²，占总氮淋溶流失量的20.34%～31.00%，铵态氮淋溶流失量为0.33～1.39kg/hm^2，占总氮淋溶流失量的27.97%～51.29%，可溶性有机氮淋溶流失量为0.09～0.28kg/hm^2，由此表明铵态氮是氮素淋溶流失的主要形态。CF处理的总氮、硝态氮和铵态氮淋溶流失量均最高。

表7　不同施肥处理菜地氮素淋溶流失量

处理	总氮流失量(kg/hm^2)	硝态氮流失量(kg/hm^2)	占比(%)	铵态氮流失量(kg/hm^2)	占比(%)	可溶性有机氮流失量(kg/hm^2)	占比(%)
CF	2.71	0.84	31.00	1.39	51.29	0.18	6.64
CL	2.00	0.52	26.00	0.94	47.00	0.26	13.00
CM	1.60	0.36	22.50	0.58	36.25	0.28	17.50
CFI	1.75	0.49	28.00	0.79	45.14	0.09	5.14
CLI	1.42	0.32	22.54	0.60	42.25	0.14	9.86
CMI	1.18	0.24	20.34	0.33	27.97	0.18	15.25

3.2.2　菜地磷素淋溶流失

在种植期间，共产生8次淋溶水。不同施肥处理总磷淋溶流失量有明显差异，CF处理与其他施肥处理间的差异尤其显著。在施基肥后，各施肥处理的总磷淋溶流失量平均值为0.007 6kg/hm^2，施基肥后总磷淋溶流失量会随着降水增加，除常规施肥处理外，其他施肥处理的总磷淋溶流失量相差不大。图11是不同施肥处理对菜地总磷淋溶流失量的影响。各施肥处理总磷淋溶流失量由大到小为CF>CL>CM>CFI>CLI>CMI，流失量为0.006 3～0.019 3kg/hm^2。总体来看，不同施肥处理的总磷淋溶流失量都较小。CF处理显著高于其他施肥处理，CF、CL和CM处理总磷淋溶流失总量分别为0.019 3kg/hm^2、0.014 1kg/hm^{2}和0.009 7kg/hm^2。

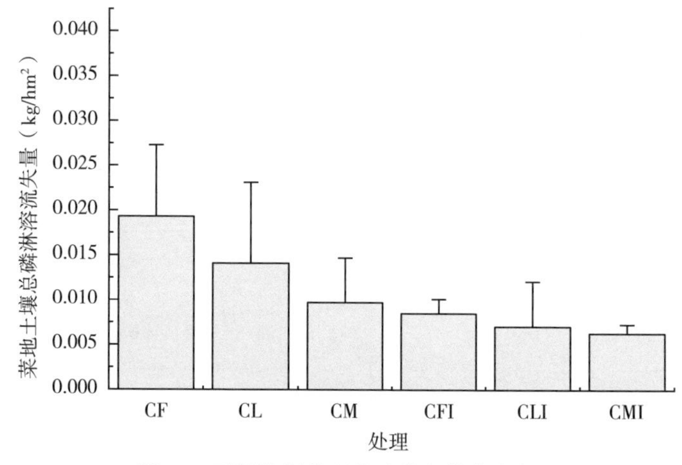

图 11　不同施肥处理菜地磷素淋溶流失量

南方典型地区（湖北峒山）氮磷流失时空分布特征

1 稻田氮磷流失

1.1 实验设置

选择减量施肥、施用有机肥以及减量施肥与有机肥配施 3 种种植业面源污染防治技术，设置了 6 种施肥处理，研究不同施肥处理稻田种植模式土壤氮、磷流失特征。将施肥水平设置为常规施肥（CF）、氮肥减施 20%（CL）、氮肥减施 40%（CM）、全量施用有机肥（CFI）、氮肥减施 20%+施用 20%有机肥（CLI）、氮肥减施 40%+施用 40%有机肥（CMI）。6 种处理见表 1。

表 1　不同处理具体施肥量

处理	化肥（kg/hm²）			有机肥（kg/hm²，以 N 计）
	氮（N）	磷（P_2O_5）	钾（K_2O）	
CF	200	90	120	—
CL	160	90	120	—
CM	120	90	120	—
CFI	0	90	120	200
CLI	160	90	120	40
CMI	120	90	120	80

早稻试验于 2021 年 3～7 月进行；晚稻于 2021 年 7～11 月进

行。水稻采用育苗移栽，试验品种为两优 708，移栽密度 25cm×20cm。油菜品种为秦优 10 号，于 2021 年 7 月至 2022 年 4 月进行试验，蔬菜轮作品种为当地常规种植品种，施肥参照当地施肥模式，施肥比例及施肥量同天津宁河。

1.2 样品采集

基肥施用前使用土钻于试验小区内随机多点采集耕层土壤，测定土壤基本理化性质。采用自动化监测设备监测稻田氮、磷流失。

1.3 稻田氮磷径流流失

1.3.1 湖北地区水稻生长季径流产生及其与降水量的关系

湖北省降水次数较多，而地表径流又主要受降水驱动，2021 年水稻生长季共产生径流 12 次。单次降水量与径流量的相关关系见图 1。地表径流量（y）与降水量（x）呈极显著正相关关系，其回归表达式为 $y=0.635\,8x-10.532$（$R^2=0.868\,1$）。

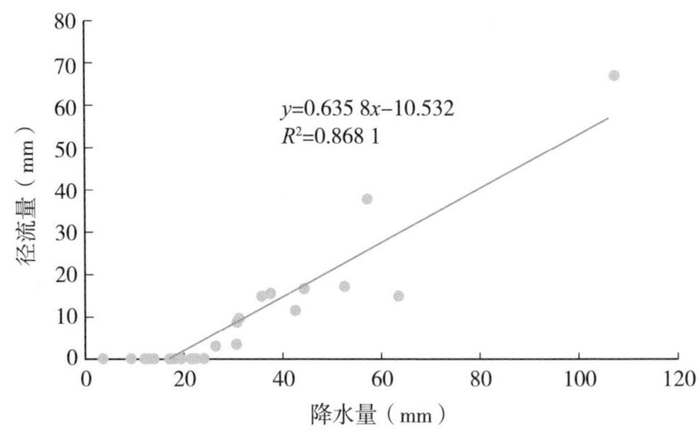

图 1　湖北地区水稻生长季径流量与降水量相关性

1.3.2 早晚稻田氮素径流流失

不同施肥处理稻田径流量见表 2 和表 3。在整个水稻生长季，早稻田和晚稻田均发生 4 次明显产流事件，早稻田产流时间分别为 4 月 18 日、4 月 28 日、5 月 10 日和 5 月 31 日，晚稻田产流时间分别为 7 月 10 日、8 月 18 日、9 月 30 日和 10 月 10 日。早稻田 4 月 18 日、4 月 28 日、5 月 10 日和 5 月 31 日各处理平均径流量分别为 164m^3/hm^2、321m^3/hm^2、399m^3/hm^2、318m^3/hm^2，其中 5 月 10 日的径流量大于其他 3 次。晚稻生育期间湖北降水量大，7 月 10 日、8 月 18 日、9 月 30 日和 10 月 10 日平均径流量分别为 350m^3/hm^2、870m^3/hm^2、190m^3/hm^2、660m^3/hm^2。

表 2　不同处理早稻田径流量

处理	径流量（m^3/hm^2）				累计量（m^3/hm^2）
	4 月 18 日	4 月 28 日	5 月 10 日	5 月 31 日	
CF	174	323	403	293	1 193
CL	158	314	410	380	1 262
CM	156	317	389	305	1 167
CFI	165	328	400	319	1 212
CLI	170	326	395	298	1 189
CMI	158	320	397	313	1 188
平均径流量	164	321	399	318	1 202

表 3　不同处理晚稻田径流量

处理	径流量（m^3/hm^2）				累计量（m^3/hm^2）
	7 月 10 日	8 月 18 日	9 月 30 日	10 月 10 日	
CF	341	865	178	662	2 046
CL	365	870	203	659	2 097
CM	349	868	179	645	2 041
CFI	355	875	188	670	2 088
CLI	338	882	194	670	2 084
CMI	352	860	198	654	2 064
平均径流量	350	870	190	660	2 070

由表4可知，早稻田第1次产流事件（4月18日）各处理总氮径流流失量为5.56～8.82kg/hm^2。CF处理早稻田4次产流事件总氮径流流失量合计为14.98kg/hm^2，均高于化肥农药减施增效技术处理。CL、CM、CFI、CLI和CMI处理早稻田4次产流事件总氮径流流失量合计分别为13.44kg/hm^2、12.99kg/hm^2、11.62kg/hm^2、12.59kg/hm^{2}和9.94kg/hm^2，较CF处理分别降低10.28%、13.28%、22.43%、15.98%和33.64%。由此可知，化肥减施增效技术处理能有效减少湖北地区早稻季总氮径流流失量。

由表4可知，早稻田4次产流事件铵态氮径流流失量总和占总氮径流流失量总和的57.74%～74.97%。与常规施肥处理相比，优化施肥处理使得4次产流事件铵态氮和硝态氮径流流失量降低，CL和CM处理的铵态氮径流流失量降幅分别为16.30%和20.30%，硝态氮径流流失量降幅分别为0.81%和12.10%；添加有机肥处理后4次产流事件铵态氮和硝态氮径流流失量降幅增大，铵态氮径流流失量降幅分别为24.04%（CFI）、35.26%（CLI）、38.11%（CMI），硝态氮径流流失量CMI处理降幅最大，

表4　不同施肥处理早稻田氮素径流流失量

处理	总氮流失量（kg/hm^2）				铵态氮流失量（kg/hm^2）				硝态氮流失量（kg/hm^2）			
	4月18日	4月28日	5月10日	5月31日	4月18日	4月28日	5月10日	5月31日	4月18日	4月28日	5月10日	5月31日
CF	8.82	4.30	1.24	0.62	6.96	3.09	0.77	0.41	0.69	0.31	0.19	0.05
CL	8.28	3.23	1.10	0.83	5.85	2.91	0.42	0.22	0.90	0.17	0.12	0.04
CM	6.48	4.45	1.18	0.88	5.56	2.62	0.47	0.30	0.78	0.17	0.10	0.04
CFI	6.15	3.52	1.14	0.81	5.29	2.34	0.56	0.34	0.63	0.27	0.27	0.07
CLI	7.93	2.93	0.99	0.74	4.30	1.79	0.80	0.38	0.66	0.18	0.18	0.06
CMI	5.56	2.80	0.92	0.66	4.21	1.64	0.74	0.36	0.59	0.15	0.18	0.03

为 23.39%。4 次产流事件中减氮及配施有机肥处理总氮、铵态氮径流流失量显著低于常规施肥处理，而全量施用有机肥处理的硝态氮径流流失量与常规施肥处理相差无几。

由表 5 可知，晚稻田第 1 次产流事件（7 月 10 日）各处理总氮径流流失量为 3.28～6.52kg/hm²。CF 处理晚稻田 4 次产流事件总氮径流流失量合计为 16.8kg/hm²，均高于化肥农药减施增效技术处理。CL、CM、CFI、CLI 和 CMI 处理晚稻田 4 次产流事件总氮径流流失量合计分别为 14.03kg/hm²、12.03kg/hm²、10.2kg/hm²、9.32kg/hm² 和 8.95kg/hm²，较 CF 处理分别降低 16.49%、28.39%、39.29%、44.52% 和 46.73%。由此可知，化肥减施增效技术处理能有效减少稻田总氮径流流失量。

由表 5 可知，晚稻田 4 次产流事件铵态氮径流流失量总和占总氮径流流失量总和的 27.49%～33.53%。与常规施肥处理相比，优化施肥处理使得 4 次产流事件铵态氮和硝态氮径流流失量降低，CL 和 CM 处理的铵态氮径流流失量降幅分别为 21.69% 和 33.53%，硝态氮径流流失量降幅分别为 37.62%和 37.43%；添加有机肥处理后 4 次产流事件 CLI 和 CMI 处理铵态氮和硝态氮径流流失量降幅明显增大，CLI 和 CMI 处理铵态氮径流流失量降幅分别为 43.98%、50.6%，CLI 和 CMI 处理硝态氮径流流失量降幅分别为 49.31%、53.66%。4 次产流事件中减氮及配施有机肥处理总氮、铵态氮、硝态氮径流流失量均显著低于常规施肥处理。

表 5　不同施肥模式下晚稻田氮素径流流失量

处理	总氮流失量（kg/hm²）				铵态氮流失量（kg/hm²）				硝态氮流失量（kg/hm²）			
	7月10日	8月18日	9月30日	10月10日	7月10日	8月18日	9月30日	10月10日	7月10日	8月18日	9月30日	10月10日
CF	6.52	5.81	0.68	3.79	2.88	0.92	0.46	0.72	0.99	2.92	0.42	0.72
CL	5.81	4.78	0.54	2.90	2.36	0.66	0.38	0.50	0.75	1.72	0.18	0.50

（续）

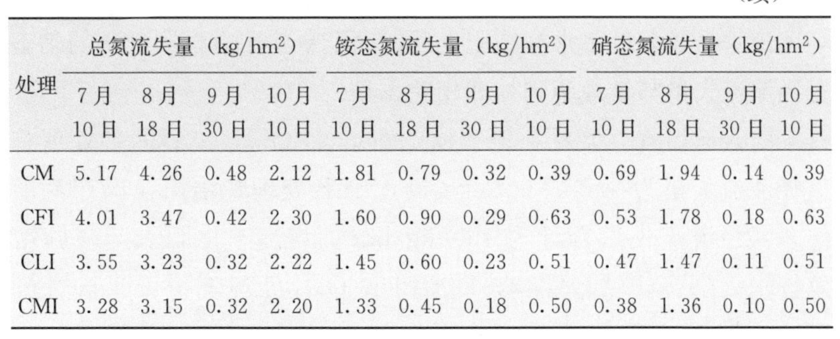

处理	总氮流失量（kg/hm²）				铵态氮流失量（kg/hm²）				硝态氮流失量（kg/hm²）			
	7月10日	8月18日	9月30日	10月10日	7月10日	8月18日	9月30日	10月10日	7月10日	8月18日	9月30日	10月10日
CM	5.17	4.26	0.48	2.12	1.81	0.79	0.32	0.39	0.69	1.94	0.14	0.39
CFI	4.01	3.47	0.42	2.30	1.60	0.90	0.29	0.63	0.53	1.78	0.18	0.63
CLI	3.55	3.23	0.32	2.22	1.45	0.60	0.23	0.51	0.47	1.47	0.11	0.51
CMI	3.28	3.15	0.32	2.20	1.33	0.45	0.18	0.50	0.38	1.36	0.10	0.50

1.3.3 早晚稻田磷素径流流失

在早稻田的4次产流事件中，各处理总磷径流流失量合计为0.187～0.268kg/hm²（表6），各处理之间总磷径流流失量相差相对较大，其中CLI、CMI处理总磷径流流失量在产流事件中与CF相比显著下降，CF处理总磷径流流失量在前3次产流事件中均最高。在晚稻田的4次产流事件中，各处理总磷径流流失量合计为1.06～2.29kg/hm²（表6），各处理之间总磷径流流失量相差相对较大，有机肥处理总磷径流流失量低于化肥处理，其中CFI、CLI、CMI处理总磷径流流失量在后3次产流事件中无显著差异。

表6　不同施肥处理稻田磷素径流流失量

处理	早稻田总磷流失量（kg/hm²）				晚稻田总磷流失量（kg/hm²）			
	4月18日	4月28日	5月10日	5月31日	7月10日	8月18日	9月30日	10月10日
CF	0.069	0.071	0.079	0.049	0.610	1.200	0.157	0.230
CL	0.059	0.076	0.071	0.032	0.527	1.373	0.133	0.257
CM	0.055	0.069	0.068	0.036	0.413	0.907	0.120	0.207
CFI	0.058	0.080	0.059	0.053	0.343	0.793	0.083	0.150
CLI	0.052	0.059	0.048	0.028	0.250	0.773	0.077	0.133
CMI	0.058	0.060	0.046	0.029	0.170	0.713	0.067	0.110

1.3.4 早稻田地表氮磷累计径流流失

本试验对各径流小区的水分管理一致，CF与CL、CM、CFI、CLI、CMI处理产生的径流量无显著差异。不同施肥处理早稻田氮、磷累计径流流失量见表7。CF处理总氮累计径流流失量显著高于其他优化施肥处理。CL、CM处理作为优化施肥处理，与常规施肥处理相比，其总氮累计径流流失量分别下降21.13%和25.79%，在氮肥减施处理中总磷累计径流流失量较常规施肥处理分别下降28.57%（CL）和32.14%（CM）。结果表明，化学氮肥是影响氮、磷地表流失的重要因素，减少化学氮肥的施用对减少地表氮、磷径流流失有重要意义。施用有机肥和有机肥与化学氮肥进行配施均呈现出总氮径流流失量下降、总磷径流流失量增加的趋势。添加有机肥的CFI、CLI和CMI处理与CF处理相比，总氮径流流失量分别降低62.05%、49.46%和51.09%；总磷径流流失量分别增加50%、7.14%和10.71%。由此可知，在减少地表氮素径流流失方面，有机肥的添加具有明显的优势，而对于磷素流失方面仍需要进行更深入的研究。

表7 不同施肥处理早稻田氮、磷累计径流流失量

处理	铵态氮流失量（kg/hm²）	硝态氮流失量（kg/hm²）	总氮流失量（kg/hm²）	可溶性磷流失量（kg/hm²）	总磷流失量（kg/hm²）
CF	7.45	9.57	16.52	0.15	0.28
CL	6.91	7.09	13.03	0.11	0.20
CM	5.74	7.16	12.26	0.14	0.19
CFI	2.56	2.96	6.27	0.21	0.42
CLI	3.39	4.19	8.35	0.15	0.30
CMI	3.37	3.10	8.08	0.16	0.31

1.3.5 晚稻田地表氮磷累计径流流失

不同施肥处理晚稻田氮、磷累计径流流失量见表8。常规施肥处理总氮、总磷累计径流流失量均高于优化施肥处理。优化施肥处理CL、CM的总氮径流流失量分别较常规施肥处理减少了1.89kg/hm²、3.53kg/hm²，降幅分别达13.39%和25.02%；总磷径流流失量分别较常规施肥处理减少了0.05kg/hm²、0.08kg/hm²，降幅分别达21.74%和34.78%。这表明化学氮肥的减施在减少地表氮、磷径流流失方面可以起到一定的作用。添加有机肥的3个处理与常规施肥处理相比，总氮径流流失量分别降低58.68%（CFI）、43.44%（CLI）、45.43%（CMI），总磷径流流失量分别降低4.35%（CFI）、17.39%（CLI）、13.04%（CMI），这表明有机肥的添加在减少地表氮素径流流失方面具有较大的优势，但在磷素方面需要进行更深入的研究。

表8 不同施肥处理晚稻田氮、磷累计径流流失量

处理	铵态氮流失量（kg/hm²）	硝态氮流失量（kg/hm²）	总氮流失量（kg/hm²）	可溶性磷流失量（kg/hm²）	总磷流失量（kg/hm²）
CF	4.50	9.91	14.11	0.05	0.23
CL	5.87	8.61	12.22	0.02	0.18
CM	5.90	7.17	10.58	0.03	0.15
CFI	2.25	3.11	5.83	0.02	0.22
CLI	2.88	3.11	7.98	0.03	0.19
CMI	3.53	3.53	7.70	0.03	0.20

1.4 稻田氮磷淋溶流失

1.4.1 稻田氮素淋溶流失

在整个早稻季稻田淋溶液总氮浓度为0.36～13.40mg/L

（图 2）。各处理稻田淋溶液总氮浓度在稻秧移栽初期浓度较高，土壤对于氮的吸附能力较弱，因此氮素会随渗漏水向下迁移。分蘖期由于追施尿素，稻田淋溶液总氮浓度小幅度升高，分蘖期过后降至较低浓度并趋于稳定。整个施肥期各优化施肥处理稻田淋溶液平均总氮浓度较 CF 处理低。各施肥处理稻田淋溶液总氮浓度在水稻施基肥时无显著差异，直至施入分蘖肥后才与其他施肥处理差异显著，不同处理淋溶液平均总氮浓度分别为 5.19mg/L（CF）、5.36mg/L（CL）、4.96mg/L（CM）、4.32mg/L（CFI）、3.65mg/L（CLI）、3.35mg/L（CMI）。

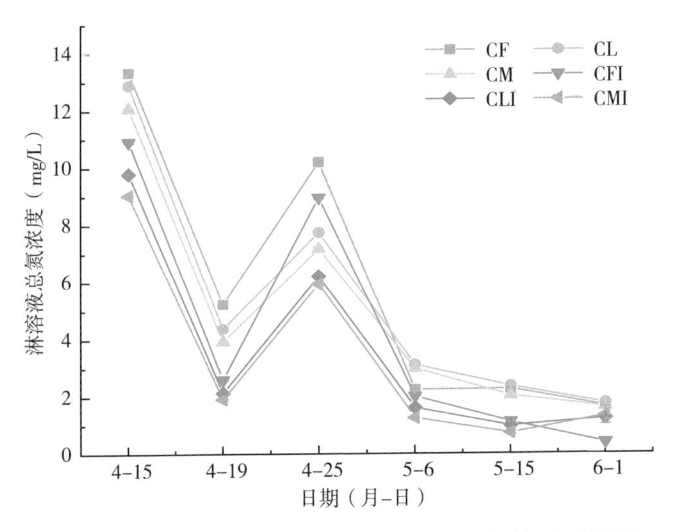

图 2　不同施肥处理早稻田淋溶液总氮浓度随时间变化情况

整个早稻季稻田淋溶液铵态氮浓度为 0.28～9.75mg/L，各施肥处理稻田淋溶液铵态氮浓度在整个早稻生长期内变化趋势与总氮相似，在施肥时期都呈初期较高之后下降，并且在分蘖期小幅增加再逐渐下降的趋势（图 3）。

整个早稻季稻田淋溶液硝态氮浓度为 0.03～0.69mg/L。各施

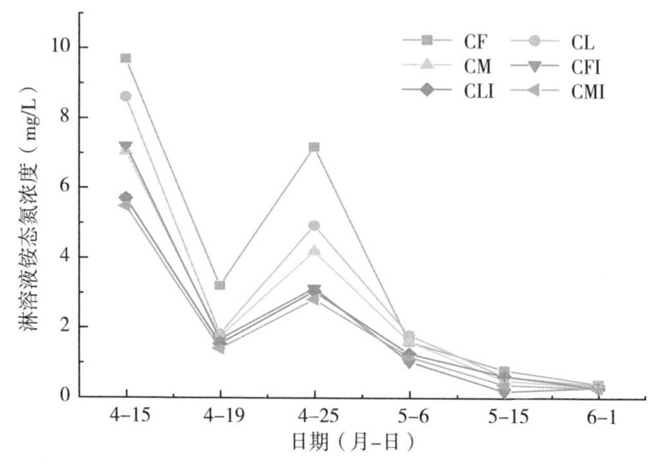

图 3　不同施肥处理早稻田淋溶液铵态氮浓度随时间变化情况

肥处理稻田淋溶液硝态氮浓度呈现初期升高，随后降低并趋于稳定的态势（图 4）。

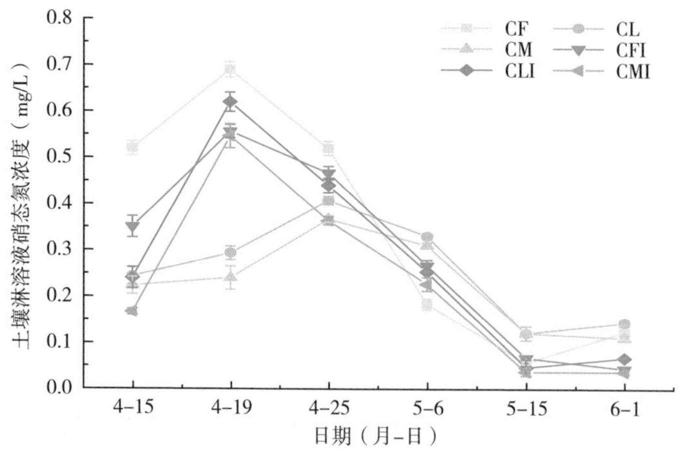

图 4　不同施肥处理早稻田淋溶液硝态氮浓度随时间变化情况

早稻田氮素淋溶流失量见表 9，各处理早稻田总氮淋溶流失量为 4.02～6.11kg/hm^2，由大到小为 CF＞CL＞CM＞CFI＞CLI＞

CMI。常规施肥（CF）处理早稻田总氮淋溶流失量为6.11kg/hm²，化肥减施处理早稻田总氮淋溶流失量比常规施肥处理减少了2.95%（CL）、14.57%（CM），有机肥配施处理早稻田总氮淋溶流失量比常规施肥处理减少了23.90%（CFI）、30.93%（CLI）和34.21%（CMI）。早稻田铵态氮淋溶流失量为2.07～3.71kg/hm²，由大到小为CF＞CL＞CM＞CFI＞CLI＞CMI，铵态氮流失量占总氮流失量的46.88%～60.72%。早稻田硝态氮淋溶流失量为0.3～0.38kg/hm²，由大到小为CF＞CM＞CL＝CFI＝CLI＞CMI，硝态氮流失量占总氮流失量的5.23%～7.46%。

表9　不同施肥处理早稻田氮素淋溶流失量

处理	总氮流失量（kg/hm²）	铵态氮流失量（kg/hm²）	占比（%）	硝态氮流失量（kg/hm²）	占比（%）
CF	6.11	3.71	60.72	0.38	6.22
CL	5.93	2.96	49.92	0.31	5.23
CM	5.22	2.76	52.87	0.32	6.13
CFI	4.65	2.18	46.88	0.31	6.67
CLI	4.22	2.12	50.24	0.31	7.35
CMI	4.02	2.07	51.49	0.30	7.46

种植晚稻时，整个水稻季稻田淋溶液总氮浓度为0.84～11.45mg/L，平均浓度为3.55mg/L（图5）。试验初期，各施肥处理稻田淋溶液总氮浓度最高，并且常规施肥处理淋溶液总氮浓度均高于其他施肥处理，说明优化施肥能够减少氮的淋溶流失量。分蘖期由于追施尿素，稻田淋溶液总氮浓度小幅度升高，分蘖期过后降至较低浓度并趋于稳定。整个施肥期各施肥处理稻田淋溶液平均总氮浓度呈下降趋势。

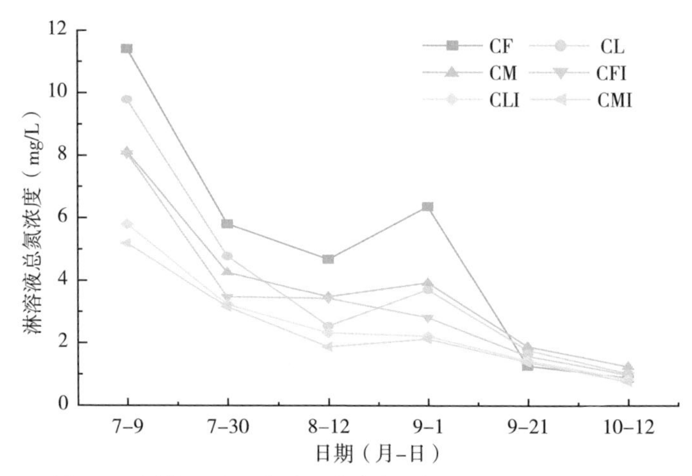

图 5　不同施肥处理晚稻田淋溶液总氮浓度随时间变化情况

整个晚稻季稻田淋溶液铵态氮浓度为 0.06～0.62mg/L，平均浓度为 0.25mg/L（图 6）。各施肥处理稻田淋溶液铵态氮浓度在整个水稻生长期内均较低，这是因为土壤中的铵态氮易被土壤胶体吸

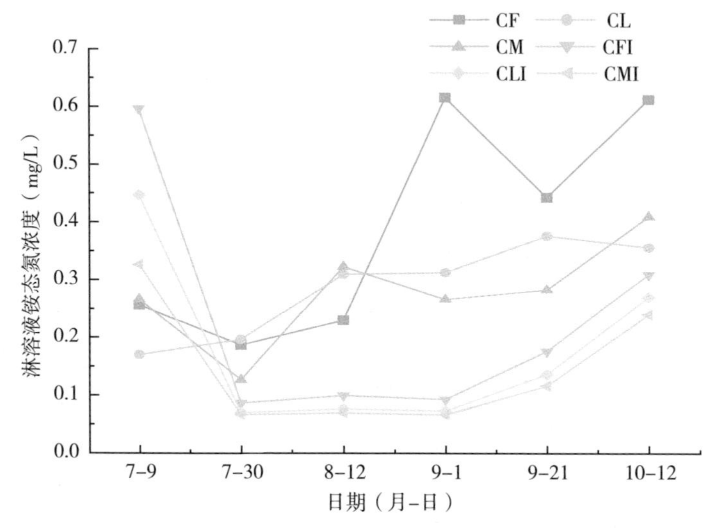

图 6　不同施肥处理晚稻田淋溶液铵态氮浓度随时间变化情况

附固定而不容易发生渗漏。

整个晚稻季稻田淋溶液硝态氮浓度为0.09～4.01mg/L，平均浓度为1.34mg/L（图7）。各施肥处理稻田淋溶液硝态氮浓度呈现初期高，随后降低的趋势，和稻田淋溶液总氮浓度动态变化较为相似，整个施肥期CF、CL、CM、CFI、CLI、CMI处理的淋溶液硝态氮浓度分别为0.29～4.01mg/L、0.39～2.83mg/L、0.52～2.71mg/L、0.20～2.57mg/L、0.09～2.50mg/L、0.09～2.42mg/L，仅在初期各施肥处理硝态氮浓度较高。整个试验期间常规施肥（CF）处理稻田淋溶液硝态氮浓度明显高于其他优化施肥处理。

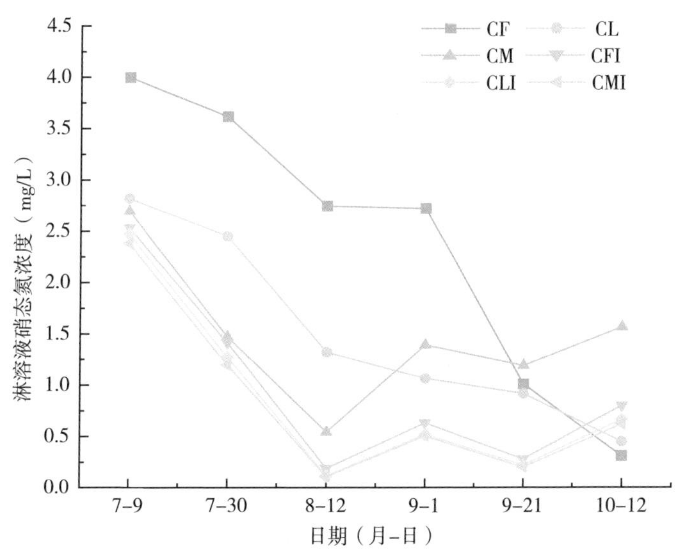

图7　不同施肥处理晚稻田淋溶液硝态氮浓度随时间变化情况

1.4.2　稻田磷素淋溶流失

早稻田不同处理淋溶液总磷浓度变化如图8所示。由图8可知，淋溶期间总磷浓度为0.04～0.43mg/L，总体土壤磷素的淋失明显小于氮素淋失。添加有机肥与常规施肥处理土壤淋溶液总磷浓度变化相似，所有处理在生长后期淋溶液总磷浓度保持稳定，推断不同施肥处理对当季土壤磷素淋失的影响不大。在检测期间，CF、CL、CM、CFI、CLI、CMI 处理土壤淋溶液平均总磷浓度分别为 0.27mg/L、0.26mg/L、0.25mg/L、0.21mg/L、0.18mg/L 和 0.16mg/L。

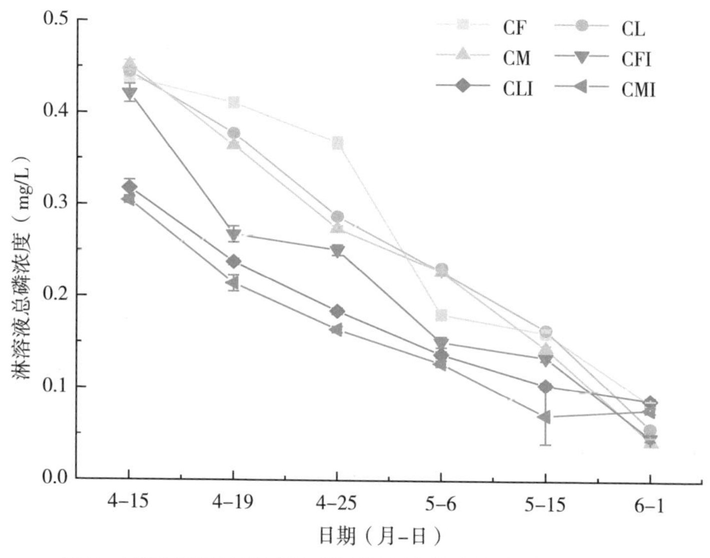

图 8　不同施肥处理早稻田淋溶液总磷浓度随时间变化情况

晚稻田不同处理淋溶液总磷浓度变化如图 9 所示。由图 9 可知，淋溶期间总磷浓度为 0.010～0.047mg/L，总体土壤磷素的淋失明显小于氮素淋失，不同施肥处理所呈现的变化规律不明显，添加有机肥处理与常规施肥处理土壤淋溶液总磷浓度变化相似。在检测期间，CF、CL、CM、CFI、CLI、CMI 处理土壤淋溶液平均总磷浓度分别为 0.021mg/L、0.038mg/L、0.033mg/L、0.032mg/L、0.026mg/L、0.019mg/L。

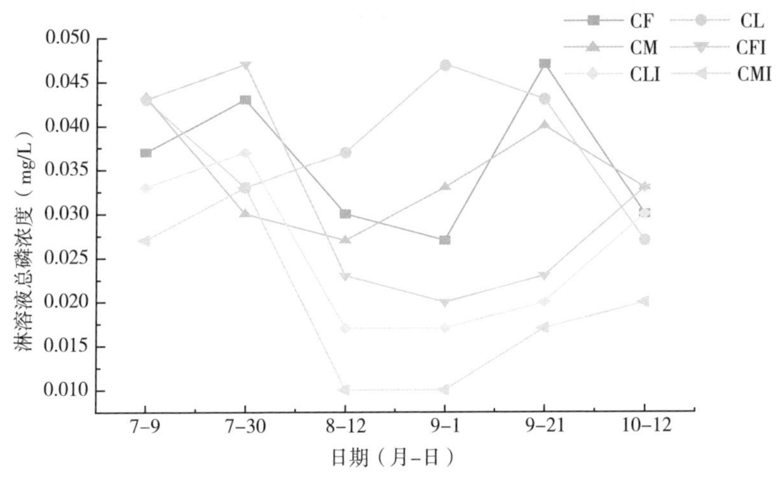

图 9　不同施肥处理晚稻田淋溶液总磷浓度随时间变化情况

1.4.3　早稻田氮磷累计淋溶流失

表 10 为不同施肥处理早稻田氮、磷累计淋溶流失量。优化施肥处理 CL、CM 的总氮和总磷累计淋溶流失量分别较常规施肥（CF）处理下降了 0.15kg/hm^2、1.57kg/hm^2 和 0.05kg/hm^2、0.08kg/hm^2，降幅分别为 1.04%、10.88%（总氮）和 20.83%、33.33%（总磷），这表明化学氮肥减施可以在垂直方向上起到一定的减少氮、磷流失的作用。添加有机肥的 3 个处理与化学氮肥的 3 个处理相比，氮素各形态淋溶流失量均下降显著，与数值最小的 CM 处理相比，CFI、CLI、CMI 总氮淋溶流失量降幅分别为 27.14%、48.06%、43.55%，其中铵态氮淋溶流失量降幅分别为 42.11%、60.21%、55.58%，硝态氮淋溶流失量降幅分别为 11.77%、40.17%、42.94%。对总磷流失量而言，3 个添加有机肥处理的总磷淋溶流失量相对较高，与 CM 处理相比，CFI、CLI、CMI 处理总磷淋溶流失量分别增加 81.25%、43.75%、25.00%。表明有机肥替代化肥能够降低土壤淋溶液中氮素的含量，从而降低

土壤氮素潜在流失风险，在减少地表氮素淋溶流失方面优势显著，但却加大了磷素流失的风险。

表 10　不同施肥处理早稻田氮、磷累计淋溶流失量

处理	铵态氮流失量（kg/hm²）	硝态氮流失量（kg/hm²）	总氮流失量（kg/hm²）	可溶性磷流失量（kg/hm²）	总磷流失量（kg/hm²）
CF	5.81	8.97	14.43	0.07	0.24
CL	5.08	8.72	14.28	0.06	0.19
CM	4.75	7.22	12.86	0.06	0.16
CFI	2.75	6.37	9.37	0.11	0.29
CLI	1.89	4.32	6.68	0.10	0.23
CMI	2.11	4.12	7.26	0.09	0.20

1.4.4　晚稻田氮磷累计淋溶流失

不同施肥处理晚稻田氮、磷累计淋溶流失量见表 11。优化施肥处理 CL、CM 总氮淋溶流失量较常规施肥（CF）处理分别降低 0.61kg/hm²、1.64kg/hm²，降幅分别达 4.16%和 11.18%；总磷淋溶流失量较常规施肥处理分别降低 0.01kg/hm²、0.08kg/hm²，降幅分别达 6.25%和 50.00%。这表明化学氮肥减施对减少晚稻种

表 11　不同施肥处理晚稻田氮、磷累计淋溶流失量

处理	铵态氮流失量（kg/hm²）	硝态氮流失量（kg/hm²）	总氮流失量（kg/hm²）	可溶性磷流失量（kg/hm²）	总磷流失量（kg/hm²）
CF	3.01b	9.47a	14.67a	0.02a	0.16a
CL	3.81a	8.31ab	14.06a	0.01a	0.15a
CM	3.99a	7.97b	13.03b	0.02a	0.06c
CFI	2.46c	6.85bc	11.72c	0.01a	0.12b
CLI	1.27d	5.48c	7.19d	0.01a	0.13ab
CMI	2.41c	5.22c	8.11d	0.01a	0.07c

注：同列不同小写字母表示差异显著（$p<0.05$）。全书同 。

植过程中氮、磷垂直淋溶流失可以起到一定的作用。添加有机肥的3个处理平均比纯化学氮肥的3个处理降低约35.30%（总氮）和13.51%（总磷），这表明有机肥的添加对减少湖北晚稻种植过程中地表氮、磷淋溶流失具有较大的优势。

2 稻—油轮作氮磷流失

2.1 稻—油轮作氮磷淋溶流失

由图10可知，油菜田各处理氮淋溶流失以硝态氮为主，占总氮淋溶流失量的86%～93%，而且各处理之间无显著差异（$p>0.05$）。而在水稻田（图11），氮素淋溶流失形态中，各处理硝态氮和铵态氮都有，且各占总氮淋溶流失量的50%左右。

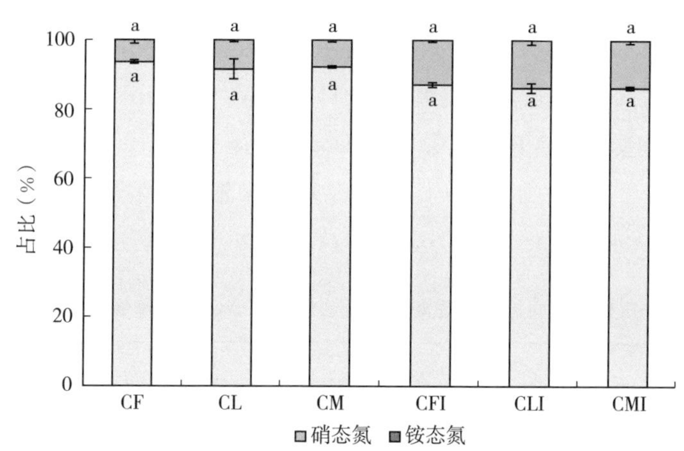

图10　不同施肥处理油菜田硝态氮和铵态氮淋溶流失量占比

［不同小写字母表示差异显著（$p<0.05$），全书同］

从水稻—油菜轮作系统不同作物生长季来看，总氮淋溶流失主要发生在水稻季（表12）。油菜田各处理总氮淋溶流失量（以N计）为3.33～7.00kg/hm^2，其中CF处理淋溶流失量最高，3个有

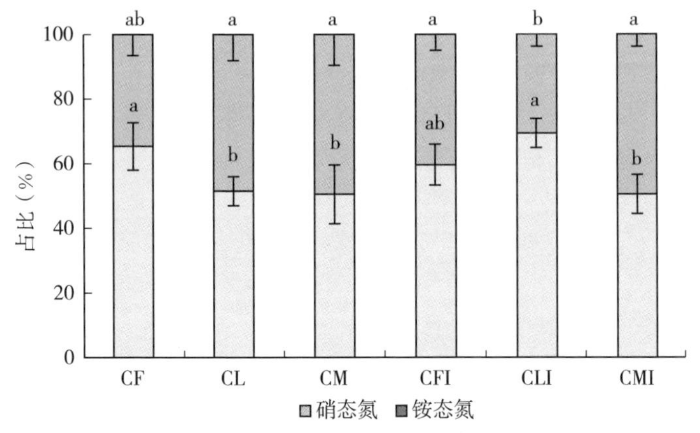

图 11　不同施肥处理水稻田硝态氮和铵态氮淋溶流失量占比

机肥替代处理均显著降低了总氮的淋溶流失量，与 CF 处理相比降幅达 41.57%～52.43%，但 CMI 处理的总氮淋溶流失量显著高于 CFI 和 CLI 处理（$p<0.05$），表明有机肥替代量并非越高越好。水稻田各处理总氮淋溶流失量较油菜田高，是油菜田的 1.8 倍左右，水稻田各处理总氮淋溶流失量（以 N 计）为 5.28～12.35kg/hm^2，大小为 CF＞CL＞CM＞CFI＞CLI＞CMI。总磷淋溶流失量（以 P 计）并无明显变化规律，这可能与有机肥中有效磷含量较高有关。

表 12　不同施肥处理湖北稻—油轮作氮、磷累计淋溶流失量

处理	总氮流失量（kg/hm^2）		总磷流失量（kg/hm^2）	
	油菜田	水稻田	油菜田	水稻田
CF	7.00±1.08a	12.35±2.43a	2.01±0.41a	3.79±0.82a
CL	5.81±0.86ab	10.76±2.55ab	1.50±0.28b	2.91±0.66a
CM	5.97±0.99ab	9.52±1.46b	1.36±0.29c	2.40±0.51a
CFI	3.33±0.67c	9.28±1.65b	1.62±0.36ab	3.48±0.35a
CLI	3.51±1.01c	7.45±1.89c	1.92±0.53a	2.50±0.49a
CMI	4.09±0.71b	5.28±0.96d	1.79±0.33a	2.95±1.05a

2.2 油菜田氮素径流流失

不同施肥处理油菜田地表总氮径流流失量见图 12。各处理油菜田地表总氮径流流失量为 1.15～4.71kg/hm²，在施入化肥后第一次采集油菜田各处理径流，监测总氮径流流失量为 2.73～4.09kg/hm²，处于油菜田总氮径流流失量相对较高的位置，10 月 20 日距施肥时间近一个月，且该段时间降水量较小，各处理油菜田总氮径流流失量下降较为显著，流失量为 1.72～2.89kg/hm²，在 10 月 30 日，由于降水影响，各处理油菜田总氮径流流失量出现峰值，流失量为 3.20～4.71kg/hm²，之后逐步降低趋于平稳，在 11 月 14 日，各处理的油菜田总氮径流流失量均达到最小值，分别为 1.82kg/hm²（CF）、1.73kg/hm²（CL）、1.57kg/hm²（CM）、1.42kg/hm²（CFI）、1.33kg/hm²（CLI）和 1.15kg/hm²（CMI），因此化肥减施增效技术能有效减少油菜田总氮径流流失量。

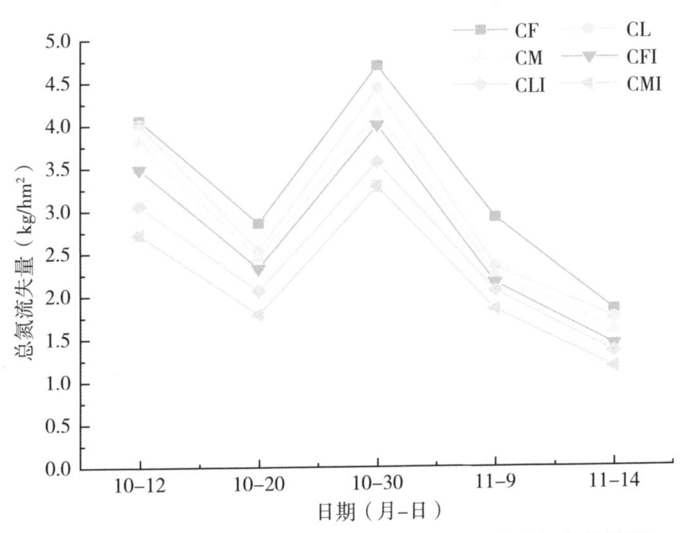

图 12　不同施肥处理油菜田总氮径流流失量随时间变化情况

从图 13 和图 14 可知，油菜田地表硝态氮径流流失量大于铵态氮径流流失量。与常规施肥处理相比，优化施肥处理明显降低铵态氮径流流失量，CL 和 CM 处理的铵态氮径流流失量降幅分别为 11.03%、13.78%，CL、CM 处理的硝态氮径流流失量分别下降

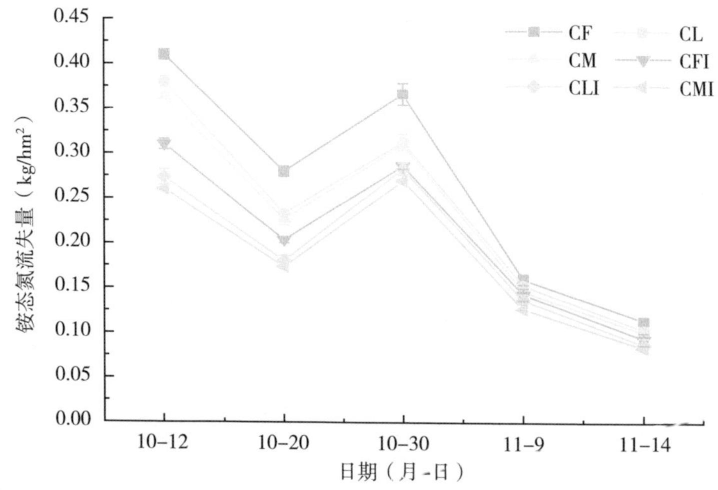

图 13　不同施肥处理油菜田铵态氮径流流失量随时间变化情况

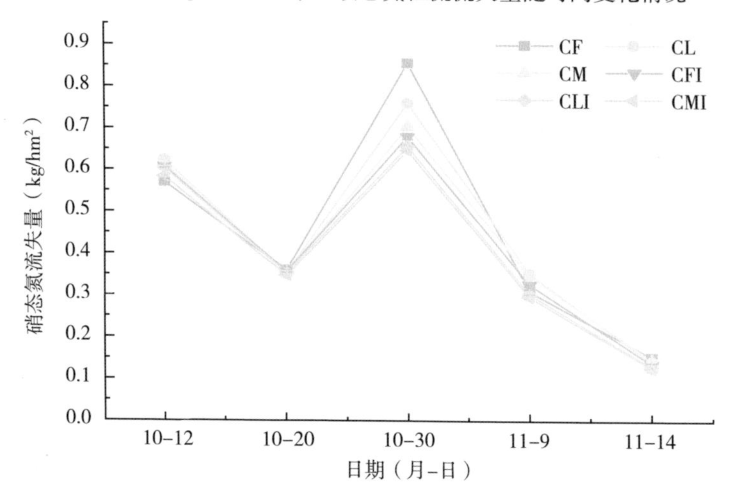

图 14　不同施肥处理油菜田硝态氮径流流失量随时间变化情况

0.89%、3.85%；添加有机肥处理的降低程度较大，铵态氮径流流失量降幅分别为 22.06%（CFI）、27.82%（CLI）、31.33%（CMI）；CFI、CLI 和 CMI 处理的硝态氮径流流失量降幅分别为 6.37%、9.04%和 11.11%。

从试验的 5 次产流事件中可知，减氮及配施有机肥处理总氮、铵态氮径流流失量皆低于常规施肥处理。

2.3 油菜田磷素径流流失

在油菜种植期间的产流事件中，各处理总磷径流流失量为 0.009～0.125kg/hm²（图 15），各处理之间总磷径流流失量 10 月 30 日相差相对较大，其中 CFI、CLI、CMI 处理总磷径流流失量与 CF 处理相比显著下降。第 3 次产流事件油菜田总磷径流流失量最高，其总磷径流流失量占整个生育期流失量的 42.1%；其余 4 次产流事件油菜田磷素径流流失量占比分别为 30.6%（10 月 12 日）、15.8%（10 月 20 日）、6.7%（11 月 9 日）和 4.8%（11 月 14 日）。

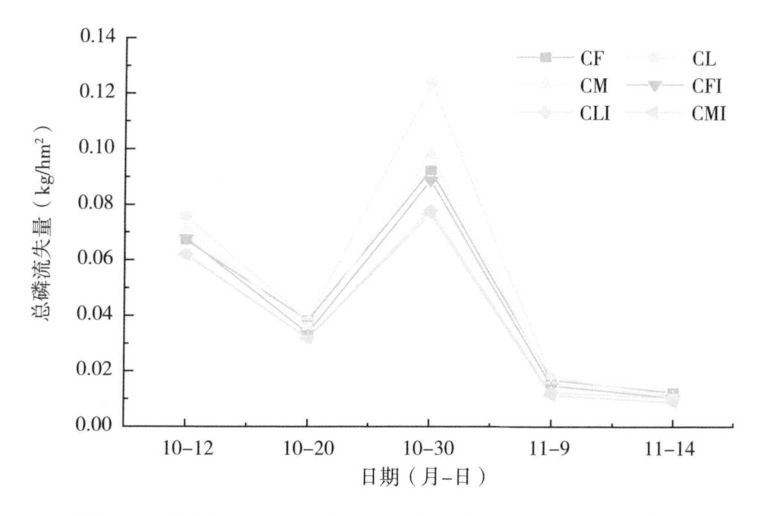

图 15　不同施肥处理油菜田总磷径流流失量随时间变化情况

3 菜地氮磷流失

3.1 菜地氮素径流流失

种植期间，共产生 4 次明显径流。菜地径流总氮浓度变化如图 16 所示。各施肥处理径流总氮浓度平均值由大到小为 CF>CM>CFI>CL>CLI>CMI，范围为 1.15～4.85mg/L。CF 处理显著高于其他施肥处理，高出 9.68%～62.58%，CM、CL 处理与 CF 处理相比，两者径流总氮浓度平均值分别下降 9.68%、21.29%。CFI、CLI、CMI 处理径流总氮浓度平均值分别为 3.06mg/L、1.90mg/L 和 1.45mg/L，均低于 CF 处理，由此可知，径流总氮浓度随有机肥的添加而降低。

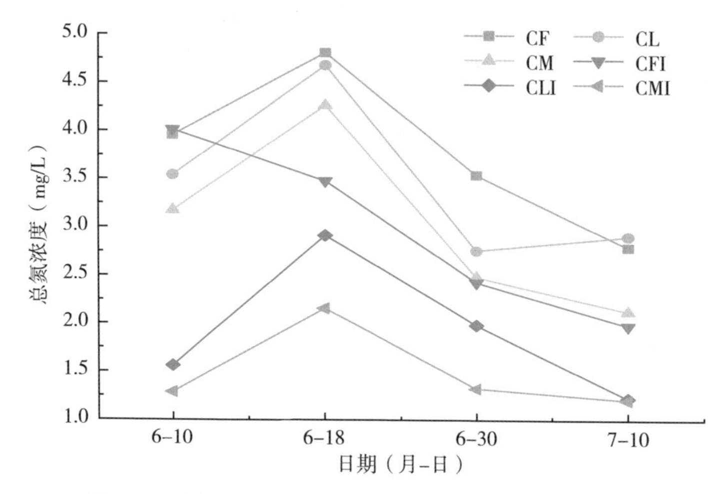

图 16 不同施肥处理菜地径流总氮浓度随时间变化情况

径流铵态氮浓度（图 17）和硝态氮浓度（图 18）分别在 6 月 30 日和 6 月 18 日有明显增长，这与当地降水有关。常规施肥（CF）处理铵态氮和硝态氮在菜地土壤作物生长期的径流中浓度最高。随着作物生长，各处理之间菜地土壤径流硝态氮浓度有明显的变化规律，即CF>CL>CM>CFI>CLI>CMI，各处理之间铵态氮浓度变化规律不明显。

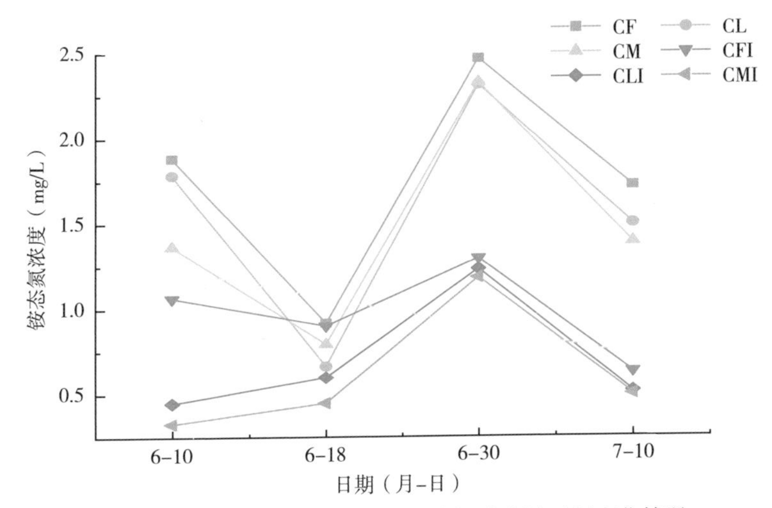

图17　不同施肥处理菜地径流铵态氮浓度随时间变化情况

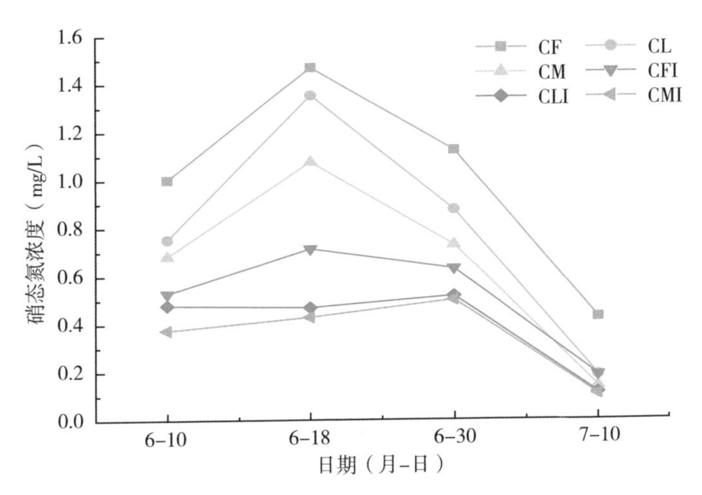

图18　不同施肥处理菜地径流硝态氮浓度随时间变化情况

3.2 菜地磷素径流流失

由图 19 可知，各施肥处理总磷均在 6 月 10 日达到最大值，主要是由于基肥施用量大，因此在基肥施用后第一次取样时总磷浓度达到最大。在整个生长期 CF 处理中总磷的平均浓度高于其他处理 16.93%～55.24%。

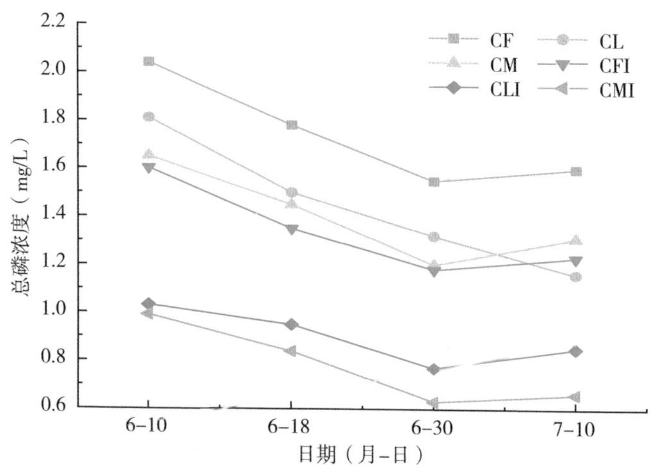

图 19　不同施肥处理菜地径流总磷浓度随时间变化情况

3.3 菜地氮磷径流流失形态构成

表 13 列出了蔬菜生长季径流中氮、磷的形态特征。各处理氮素均以硝态氮流失为主，CF、CL、CM、CFI、CLI、CMI 处理硝态氮径流流失量分别占总氮径流流失量的 22.71%、59.13%、42.35%、44.12%、38.91%、35.26%；其次是可溶性有机氮，分别占 35.96%、33.74%、26.82%、35.15%、30.63%、31.25%；铵态氮的流失占比很小，分别为 2.15%、5.37%、3.29%、4.11%、3.91%、4.59%。可溶性磷径流流失量占总磷径流流失量

的百分比平均值为12.18%。

表13 不同施肥处理菜地氮、磷径流流失形态占比

处理	可溶性有机氮占比（%）	铵态氮占比（%）	硝态氮占比（%）	可溶性磷占比（%）
CF	35.96	2.15	22.71	13.08
CL	33.74	5.37	59.13	10.26
CM	26.82	3.29	42.35	11.72
CFI	35.15	4.11	44.12	15.41
CLI	30.63	3.91	38.91	11.92
CMI	31.25	4.59	35.26	10.67

3.4 菜地氮素淋溶流失

不同施肥处理菜地土壤淋溶液总氮浓度随生长期整体呈下降趋势。从图20可知，化肥减量与有机肥配施处理对淋溶液总氮浓度的影响较大，各处理淋溶液总氮浓度为2.17～16.81mg/L，CF处理总氮浓度最高。各施肥处理淋溶液总氮浓度在6月10日最高，后呈下降趋势。优化施肥处理淋溶液总氮浓度在7月10日分别为7.01mg/L（CL）、6.03mg/L（CM）、3.58mg/L（CFI）、2.12mg/L（CLI）、2.11mg/L（CMI）。由此可知，有机肥添加可以降低淋溶液总氮浓度。

淋溶液铵态氮浓度（图21）和硝态氮浓度（图22）分别在7月10日和6月18日呈增长趋势，这与当地降水有关。常规施肥（CF）处理铵态氮和硝态氮在菜地土壤作物生长期的淋溶液中浓度最高。随着作物生长，各施肥处理淋溶液中铵态氮浓度由大到小为CF>CL>CM>CFI>CLI>CMI，铵态氮浓度为0.39～

1.51mg/L。

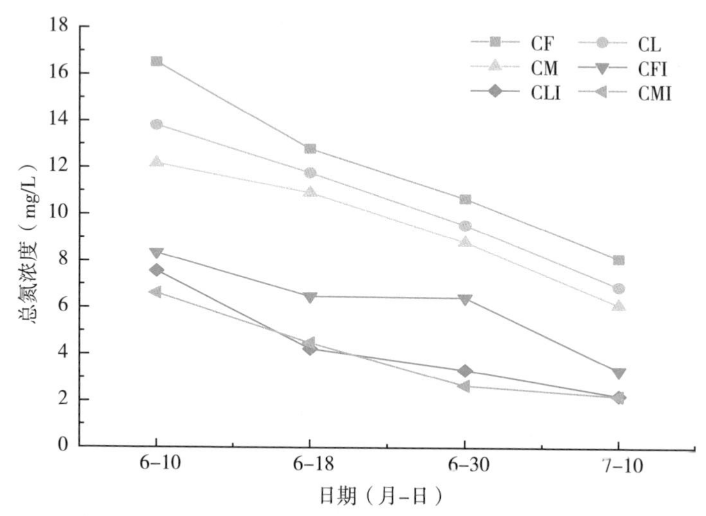

图 20　不同施肥处理菜地淋溶液总氮浓度随时间变化情况

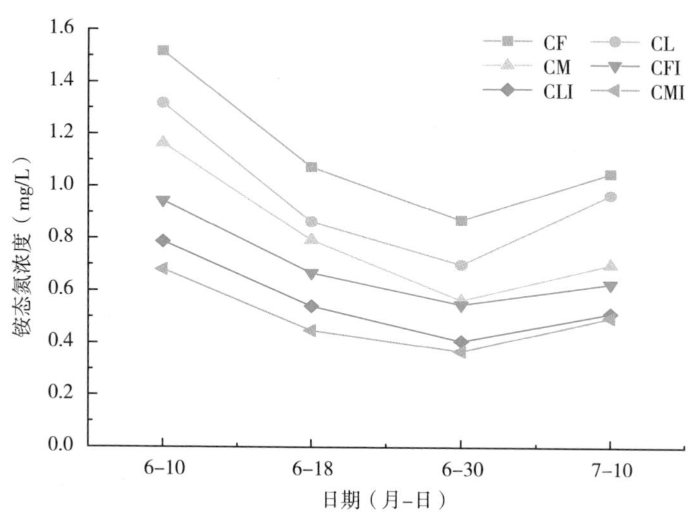

图 21　不同施肥处理菜地淋溶液铵态氮浓度随时间变化情况

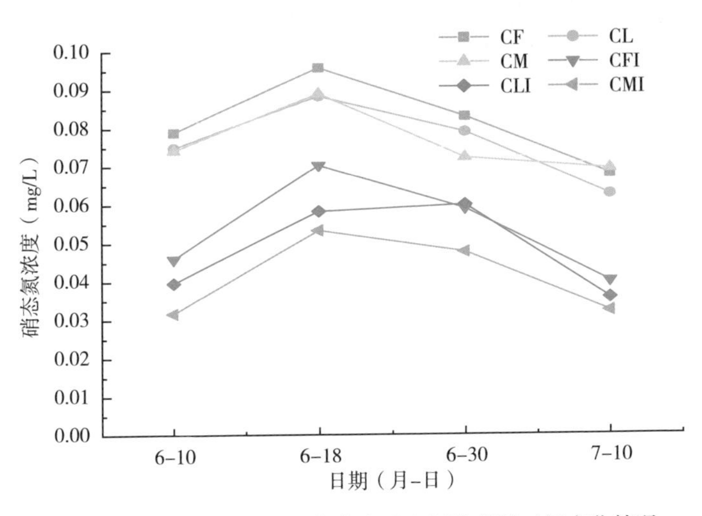

图 22　不同施肥处理菜地淋溶液硝态氮浓度随时间变化情况

3.5 菜地氮磷淋溶流失形态构成

表 14 列出了蔬菜生长季氮、磷淋溶流失形态占比，各处理氮素均以硝态氮淋溶流失为主，CF、CL、CM、CFI、CLI、CMI 处理的硝态氮淋溶流失量分别占总氮淋溶流失量的 51.63%、33.75%、37.25%、46.38%、38.13%、49.63%；其次是可溶性有

表 14　不同施肥处理菜地氮、磷淋溶流失形态占比

处理	可溶性有机氮占比（%）	铵态氮占比（%）	硝态氮占比（%）	可溶性磷占比（%）
CF	28.13	5.38	51.63	7.50
CL	27.63	4.50	33.75	13.38
CM	23.50	3.13	37.25	7.13
CFI	22.75	7.25	46.38	5.50
CLI	10.63	5.13	38.13	4.03
CMI	18.88	4.63	49.63	10.13

机氮，分别占 28.13％、27.63％、23.50％、22.75％、10.63％、18.88％；铵态氮的流失量占比很小，分别为 5.38％、4.50％、3.13％、7.25％、5.13％、4.63％。可溶性磷淋溶流失量占总磷淋溶流失量的百分比平均值仅有 7.94％。

农田氮磷流失影响因素分析

1 氮素径流流失量影响因素分析

对土壤 pH、土壤温度、降水量、土壤容重、土壤有机碳（SOC）等 5 个环境因子与氮素径流流失量进行相关性分析(表 1)。结果表明，天津潮土和湖北水稻土的氮素径流流失量均与降水量呈极显著正相关，与降水量相关系数分别为 0.833 和 0.851；与土壤 pH、土壤温度、土壤容重、SOC 无明显相关性。降水量越大，土壤氮素径流流失量越高。

表 1 环境因子与氮素径流流失量相关性分析

项　目	土壤 pH	土壤温度	降水量	土壤容重	SOC
天津潮土氮素径流流失量	0.475	0.355	0.833**	−0.284	0.195
湖北水稻土氮素径流流失量	0.222	0.107	0.851**	−0.245	0.483

注：** 表示 0.01 水平极显著相关。下同。

2 氮素淋溶流失量影响因素分析

对土壤 pH、土壤温度、土壤含水量、土壤容重、土壤有机碳（SOC）等 5 个环境因子与氮素淋溶流失量进行相关性分析（表 2）。结果表明，天津潮土和湖北水稻土的氮素淋溶流失量均与土壤含水量呈极显著正相关，与土壤含水量相关系数分别为 0.892 和 0.715；与土壤 pH、土壤温度、土壤容重、SOC 无明显相关性。土壤含水量越高，土壤氮素淋溶流失量越高。

表 2　环境因子与氮素淋溶流失量相关性分析

项　　目	土壤 pH	土壤温度	土壤含水量	土壤容重	SOC
天津潮土氮素淋溶流失量	−0.152	0.115	0.892**	−0.264	0.163
湖北水稻土氮素淋溶流失量	−0.311	0.179	0.715**	−0.391	0.245

3　磷素径流流失量影响因素分析

对土壤 pH、土壤温度、降水量、土壤容重、土壤有机碳（SOC）等 5 个环境因子与磷素径流流失量进行相关性分析(表 3)。结果表明，天津潮土和湖北水稻土的磷素径流流失量与土壤 pH、土壤温度、降水量、土壤容重、SOC 均无明显相关性。

表 3　环境因子与磷素径流流失量相关性分析

项　　目	土壤 pH	土壤温度	降水量	土壤容重	SOC
天津潮土磷素径流流失量	−0.123	0.168	0.575	0.144	0.361
湖北水稻土磷素径流流失量	−0.154	0.117	0.650	0.255	0.333

4　磷素淋溶流失量影响因素分析

对土壤 pH、土壤温度、土壤含水量、土壤容重、土壤有机碳（SOC）等 5 个环境因子与磷素淋溶流失量进行相关性分析（表 4）。结果表明，天津潮土和湖北水稻土的磷素淋溶流失量均与土壤含水量呈显著正相关，与土壤含水量相关系数分别为 0.762 和 0.722；与土壤 pH、土壤温度、土壤容重、SOC 无明显相关性。土壤含水量越高，土壤磷素淋溶流失量越高。

表 4　环境因子与磷素淋溶流失量相关性分析

项　目	土壤 pH	土壤温度	土壤含水量	土壤容重	SOC
天津潮土磷素淋溶流失量	−0.149	0.107	0.762*	0.403	0.276
湖北水稻土磷素淋溶流失量	−0.468	0.139	0.722*	0.297	0.401

注：* 表示 0.05 水平差异显著。下同。

5　不同土壤和施肥策略对氮素径流/淋溶流失量影响双因素方差分析

表 5 为不同土壤和施肥策略对土壤氮素径流/淋溶流失量影响双因素方差分析结果。结果表明，不同土壤、不同施肥策略对土壤氮素径流/淋溶流失量的影响极显著（$p<0.001$），不同土壤和不同施肥策略交互作用对氮素径流/淋溶流失量的影响同样极显著（$p<0.01$）。

表 5　不同土壤和施肥策略对土壤氮素径流/淋溶流失量影响双因素方差分析结果

项　目	氮素径流流失量		氮素淋溶流失量	
	F	p	F	p
不同土壤	76.9	***	121.1	***
不同施肥策略	98.4	***	75.0	***
不同土壤×不同施肥策略	45.1	**	31.1	**

6 不同土壤和施肥策略对磷素径流/淋溶流失量影响双因素方差分析

表 6 为不同土壤和施肥策略对土壤磷素径流/淋溶流失量影响双因素方差分析结果。结果表明，不同土壤对土壤磷素径流流失量的影响极显著（$p<0.01$），不同土壤对土壤磷素淋溶流失量的影响显著（$p<0.05$）；不同施肥策略对土壤磷素径流/淋溶流失量的影响显著（$p<0.05$）；不同土壤和不同施肥策略交互作用对磷素径流/淋溶流失量的影响同样显著（$p<0.05$）。

表 6　不同土壤、不同施肥策略对土壤氮素径流/淋溶流失量影响双因素方差分析结果

项　目	磷素径流流失量		磷素淋溶流失量	
	F	p	F	p
不同土壤	52.4	**	42.0	*
不同施肥策略	30.1	*	55.1	*
不同土壤×不同施肥策略	26.3	*	22.4	*

南北方农田地表氮磷流失监测实验主要结论及建议与展望

1 主要结论

（1）无论是天津潮土还是湖北水稻土，有机肥添加处理的径流/淋溶液总氮和总磷浓度均低于常规施肥处理，主要是因为有机肥的肥料养分释放更为平缓，更利于水稻吸收利用。

（2）径流/淋溶液总氮和总磷浓度总体上表现为水稻生长前期高于水稻生长后期，这与施肥主要在水稻生长前期进行有关，同时越到水稻生长后期，水稻对肥料的吸收能力越强，氮、磷流失到外界的可能性就越小。

（3）在水稻生长发育前期径流中的氮素主要为铵态氮，而在水稻生长发育后期以硝态氮为主。这就启示我们如果能针对性地制定出前期抑制铵态氮流失、后期减少硝态氮流失的施肥策略，则将会更有助于减少稻田地表氮素径流流失。

（4）湖北地区晚稻田地表径流中可溶性磷占总磷比重较小，绝大多数以悬浮颗粒结合态存在。因此通过加高田埂等策略可能更有利于减少稻田磷素的流失。

（5）天津夏季稻田氮素径流流失以铵态氮为主，湖北晚稻田氮素径流流失以硝态氮为主。因此在天津潮土上应避免使用阻缓土壤中铵态氮转化为硝态氮反应速度的土壤调理剂（如硝化抑制剂），以免进一步加剧铵态氮的流失，而湖北地区则应鼓励使用。

（6）湖北地区外源氮素在当季作物收获时的液态流失占比分别为径流6%、淋溶3%；天津地区外源氮素在当季作物收获时的液态流失占比分别为径流2%、淋溶5%。径流流失的氮素会导致地表水的富营养化，淋溶流失的氮素会导致地下水的硝酸盐污染。因此湖北地区应重点关注农村坑塘、排水渠等地表水体的富营养化问题，天津地区应重点关注地下水体如自打井的硝酸盐污染问题。

2 建议与展望

（1）建议加大对土壤剖面氮素迁移转化的研究力度。量化深层土氮素的分布特征和迁移规律，可为了解剖面土层内的氮素循环提供更多的信息，这将有助于改善残留氮管理，评估氮素垂直流失风险。

（2）建议设立南北方长期实验站点。长期定位试验的数据分析可以提供更准确的关于外源氮输入对土壤氮、磷流失的影响。

面源污染监测新方法初探

——氮平衡方法估算农田地表氮流失

传统淋溶盘、径流池方法因其准备工作多、监测周期长、耗费人力物力大而不能广泛应用于大范围氮、磷液态流失的测定。而且该方法需要的水量较大，导致对水质监测的时段较短、集中在夏季且频次较少，无法准确掌握区域内分散在生态系统里的氮、磷含量。

近年来，笔者针对流域水质的时空变异及其与人类活动特征的关系开展了大量的研究，找到了一些参数动态变化规律以及其与地形地貌、水文、植被、土壤、降水和人为活动等因子的相关关系，但在不同地区结论存在不确定性。

基于此，笔者建立了一种基于氮质量平衡的方法，以土地利用类型为计算单元，采用收集数据、实测和模拟的方法，构建每个空间单元的氮素输入输出质量平衡方程，计算春夏秋冬四个季节的氮收支分布情况，控制氮素非点源污染的过程。该方法具有时间、区域可自由把握、参数可集中测定、精度相对较高的特点。

1　氮平衡模型

氮平衡主要计算农业系统中氮输入和输出之间的差异，如图1所示。

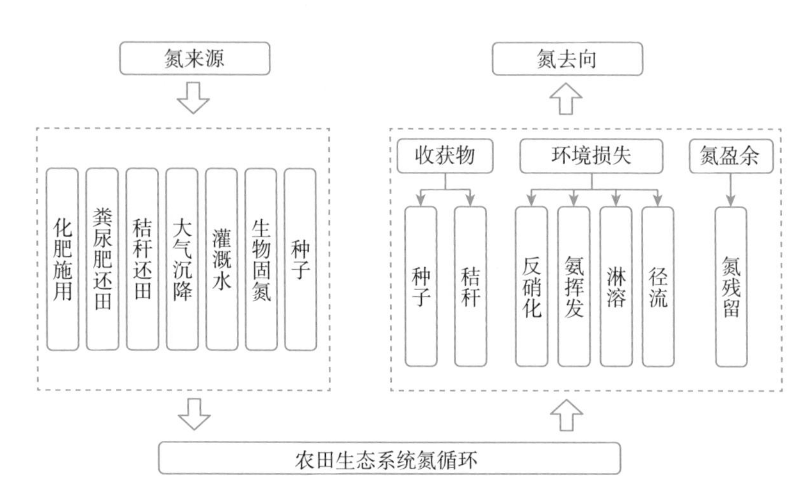

图1　农田生态系统氮来源及氮去向

计算公式为：

$N_{loss} = N_{input} - N_{output} - N_{surplus}$

$N_{input} = N_{fertilizer} + N_{deposition} + N_{irrigation} + N_{fixation} + N_{seedling}$

$N_{output} = N_{harvested}$

$N_{surplus}$ = soil mineral N content in 0～20cm before transplant－soil mineral N content in 0～20cm after harvest

式中，N_{loss}为系统氮素流失量；N_{input}为氮素输入量；N_{output}为氮素输出量；$N_{surplus}$为氮素盈余量；$N_{fertilizer}$为肥料带入的氮素量；$N_{deposition}$为沉降输入的氮；$N_{irrigation}$为灌溉输入的氮；$N_{fixation}$为作物（豆类）固定的氮；$N_{seedling}$为种子带入的氮；$N_{harvested}$为收获的籽粒、秸秆等地上部分带走的氮；soil mineral N content in 0～20cm before transplant 为种植前 0～20cm 土壤中所含的无机氮量；soil mineral N content in 0～20cm after harvest 为收获后 0～20cm 土壤中所含的无机氮量。

2 农田氮素平衡模型构建与校验

2.1 旱地试验材料与方法

旱地试验地点选取天津市宁河区东棘坨乡玉米良种场（东经117°82′、北纬39°33′），试验区属大陆性季风气候，处于暖温带半干旱半湿润风带，夏季气温较高且降水集中，冬季较为寒冷干燥。全年平均气温11.2℃，最低气温和最高气温分别出现在1月和7月，全年无霜期240d。年均降水量642mm左右，主要集中在6～8月，占全年降水量的70%，平均湿度36%。试验点耕作土壤为潮土，土壤基本理化性状如下：pH 8.38，有机质含量9.70g/kg，总氮含量1.19g/kg，总磷含量0.64g/kg，碱解氮含量81.30mg/kg，有效磷含量23.05mg/kg，阳离子交换量（CEC）16.3cmol/L。

试验期内供试菜地实行空心菜—白菜轮作，试验设置为小区试验，共4个处理，包括当地常规施肥（Fb）、化肥减施20%（20%有机肥替代，F1）、化肥减施50%（50%有机肥替代，F2）和化肥减施80%（80%有机肥替代，F3）。每个处理重复3次，每个小区的面积为21m^2（3m×7m），各试验小区采取随机排列。同时根据径流流向，在各个小区顺流下方设置用于收集水样的集水桶，在降水产生径流后，经过引水沟、输水管进入集水桶，收集桶中的水样后测定径流中的营养元素含量。

施肥、灌溉、耕作、收获方式按照当地常规。

2.2 水田试验材料与方法

径流是稻田氮素流失的主要途径之一，如何正确估算径流量对于稻田氮素径流流失量的计算十分重要。与旱地不同的是稻田在作物生长期基本处于淹水状态，而且有一定的田埂高度，降水在超过田埂高度时才会产生径流。用于模型校验的水田试验位于湖北省鄂州市峒山村（东经 112°09′、北纬 30°21′），种植制度为水稻—油菜轮作。研究区属于湿润季风气候，年平均气温 16℃，年均降水量 1 095mm，地下水埋深约 90cm。田间试验从 2021 年 5 月开始，到 2021 年 9 月结束。水稻品种为丰两优香一号，于 6 月 6 日移栽，9 月 14 日收获，种植密度为 9 万株/hm^2。小区面积 150m^2（25m×6m），共 3 个重复。根据当地农田管理习惯，施氮肥（N）230.9kg/hm^2，磷肥（P）26.6kg/hm^2，钾肥（K）40.4kg/hm^2。其中氮肥分别在移栽前基施，在分蘖和抽穗时追施。水稻生长期内水分管理措施为淹水—晒田—再次淹水—乳熟期后自然落干至收获。

采用自动检测设备测定水样中的总氮、铵态氮和硝态氮含量。通过每次获得的径流量/淋溶量以及径流/淋溶液中的无机氮浓度得到氮素径流/淋溶流失量。

3　旱地养分流失估算

在天津宁河采用试验实测值来检验模型的准确度。田间试验前，在菜地中开挖 0.9m 深的土壤剖面，收集 0～30cm、30～60cm 和 60～90cm 的土壤样本分析基本的物理和化学特性（表 1）。2021 年 6 月 15 日至 10 月 30 日，大约每 20d 从每个小区收集 0～30cm 的土壤样品。将土壤样品在 105℃的烘箱中烘至恒重，以确定含水量。使用连续流动分析仪测定土壤铵态氮和硝态氮的浓度。

人工收获蔬菜，并在每次收获时称重。收获时收集植株样品，并将植株分为地上可食部分和根部。将所有植株样品在 70℃的烘箱中烘干 48h，然后称重。通过凯氏定氮法测定植物的含氮量。使用自动气象站（AR5，Yugen，北京，中国）记录温室中的气温、相对湿度和太阳辐射等气象要素参数进行测算。

表1　天津宁河土壤基本物理和化学性质

土层 (cm)	pH	有机质 (g/kg)	容重 (g/cm³)	土壤机械组成（%）			饱和含水量（%）	田间持水量（%）	饱和导水率 (cm/d)
				沙粒	粉沙粒	黏粒			
0～30	6.1	14.4	1.45	63.5	32.5	4.0	35.6	30.7	5.6
30～60	6.6	9.2	1.48	62.0	33.5	4.5	33.3	26.4	12.1
60～90	7.2	5.7	1.52	66.2	30.1	3.7	34.3	28.7	10.2

4　旱地养分流失实测试验

4.1 径流流失

以不同化肥减施处理下径流中实测硝态氮、铵态氮和总氮的浓度来分别计算不同化肥减施处理下的硝态氮、铵态氮和总氮径流流失量。如图2所示，Fb、F1、F2和F3处理的硝态氮径流流失量（以N计）分别为23.62kg/hm²、17.01kg/hm²、18.11kg/hm²和11.36kg/hm²，与Fb处理相比，F1、F2和F3处理分别降低了28.0%、23.3%和51.9%。Fb、F1、F2和F3处理的铵态氮径流流失量（以N计）分别为1.75kg/hm²、0.96kg/hm²、0.62kg/hm²和0.91kg/hm²。Fb、F1、F2和F3处理的总氮径流流失量（以N计）分别为25.65kg/hm²、19.75kg/hm²、20.29kg/hm²和12.39kg/hm²，与Fb处理相比，F1、F2和F3处理分别降低了23.0%、20.9%和51.7%。可见，化肥减施有助于减少天津宁河地区氮的径流流失量。

4.2 淋溶流失

以不同化肥减施处理下淋溶收集液中实测硝态氮、铵态氮和总

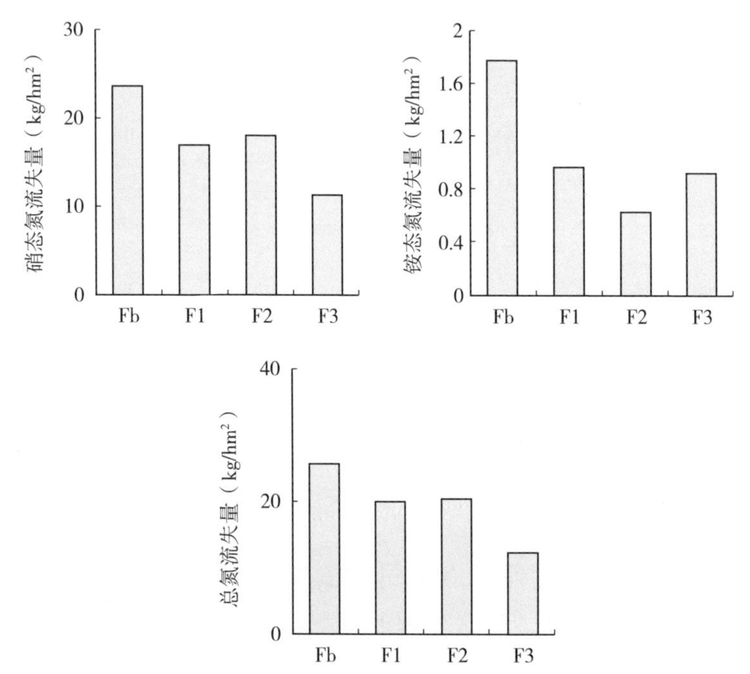

图 2　不同化肥减施处理硝态氮、铵态氮和总氮径流流失量

氮的浓度来分别计算不同化肥减施处理下的硝态氮、铵态氮和总氮淋溶流失量。如图 3 所示，F1、F2 和 F3 处理的硝态氮淋溶流失量（以 N 计）分别为 40.60kg/hm^2、37.63kg/hm^2 和 35.50kg/hm^2，与 Fb 处理相比，F1、F2 和 F3 处理分别降低了 10.9%、17.5%和 22.1%。F1、F2 和 F3 处理的铵态氮淋溶流失量（以 N 计）分别为 0.76kg/hm^2、0.82kg/hm^2 和 1.01kg/hm^2，与 Fb 处理相比，F1、F2 和 F3 处理分别降低了 56.6%、53.1%和 42.3%。F1、F2 和 F3 处理的总氮淋溶流失量（以 N 计）分别为 42.95kg/hm^2、40.31kg/hm^2 和 40.21kg/hm^2，与 Fb 处理相比，F1、F2 和 F3 处理分别降低了 12.2%、17.6%和 17.9%。可见，化肥减施有助于减少天津宁河地区氮的淋溶流失量。

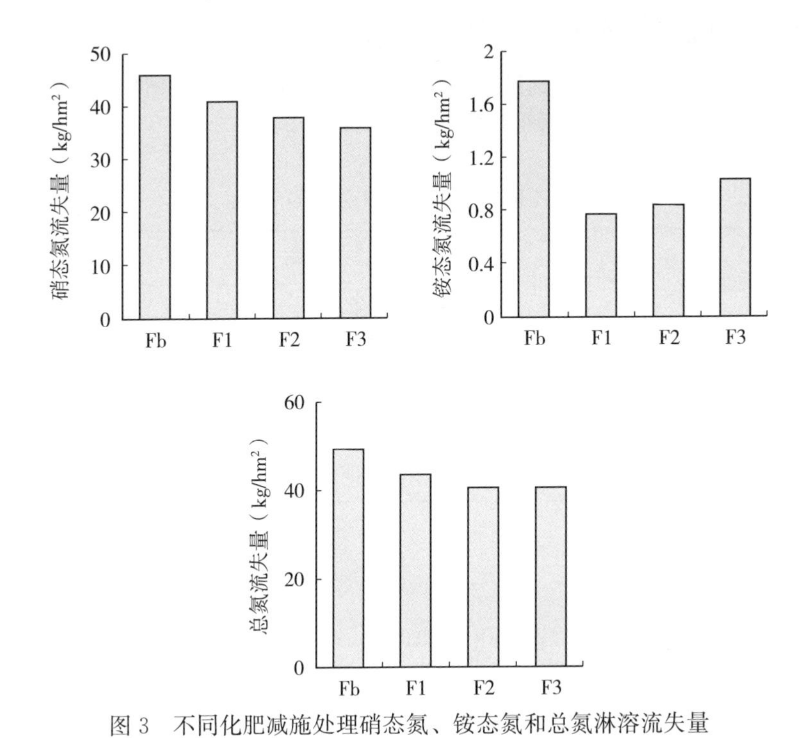

图 3　不同化肥减施处理硝态氮、铵态氮和总氮淋溶流失量

5　旱地模型计算

根据田间测定的土壤种植前后硝酸盐浓度、作物吸氮量、氨挥发量、氮沉降量等对氮盈余模型进行计算。

5.1 作物吸氮量

由表 2 可知，化肥减量配施有机肥能增加小白菜和空心菜的氮吸收量。与常规施肥处理相比，化肥减量 20%配施有机肥处理的小白菜—空心菜季吸氮量均无显著变化。不同施肥处理小白菜—空心菜两茬作物的总吸氮量（以 N 计）为 188.80～245.30kg/hm^2，

3个有机肥替代处理之间无统计学差异，但F3处理无论是小白菜季还是空心菜季，吸氮量都显著高于Fb处理。结果表明，有机氮替代对小白菜和空心菜的氮素吸收量有显著影响。

表2 不同处理小白菜和空心菜的吸氮量

处理	吸氮量（kg/hm²）		
	小白菜	空心菜	总吸氮量
Fb	87.93±9.63b	100.87±10.53b	188.80±18.87b
F1	92.62±14.77ab	125.20±14.50ab	217.82±18.95ab
F2	101.46±12.41a	123.58±17.78ab	225.04±22.89a
F3	107.23±18.70a	138.07±25.92a	245.30±27.21a

5.2 氮沉降

氮湿沉降通量季节变化规律明显（表3），不同形态的氮湿沉降通量在月份上的变化具有一致性，且与降水量显著相关，8月和9月的铵态氮、硝态氮、可溶性有机氮、总氮湿沉降通量共占试验季湿沉降通量的73.8%、51.5%、64.7%和58.3%；干沉降通量共占试验季干沉降通量的39.8%、43.6%、18.2%和35.9%。

表3 氮干/湿沉降通量季节变化（以N计）

月份	降水量（mm）	湿沉降通量（kg/hm²）				干沉降通量（kg/hm²）			
		铵态氮	硝态氮	可溶性有机氮	总氮	铵态氮	硝态氮	可溶性有机氮	总氮
6	51.4	0.454	0.351	0.201	1.010	0.233	0.229	0.216	0.689
7	83.2	0.110	0.833	0.190	1.214	1.153	0.821	0.240	2.233
8	132.1	0.936	0.733	0.414	1.795	0.335	0.509	0.210	1.076
9	155.5	1.434	1.319	0.921	2.681	0.895	0.888	0.282	2.099
10	69.7	0.279	0.745	0.337	0.972	0.476	0.754	1.754	2.754

5.3 氨挥发

蔬菜生长阶段的氨挥发量见图4。小白菜季氨挥发量（以N计）为3.4～7.8kg/hm²，空心菜季氨挥发量（以N计）为3.7～8.9kg/hm²。常规施肥（Fb）处理两季蔬菜总氨挥发量比3个有机肥替代处理分别高41.9%（F1）、38.9%（F2）和57.5%（F3），结果表明减少化肥施用比例可以有效减少氨挥发量。

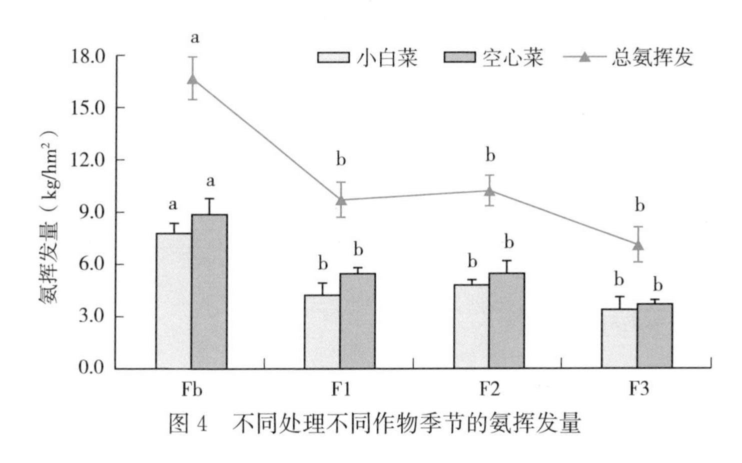

图4　不同处理不同作物季节的氨挥发量

5.4 反硝化氮素损失

在土壤中充入乙炔可抑制硝化过程中N_2O的产生和反硝化过程中N_2O还原成N_2，因此土壤中充入乙炔所测得的N_2O量等于反硝化过程中所形成的N_2O量和N_2量之和，代表反硝化所造成的氮素损失量。由表4可知，小白菜种植阶段氮肥的反硝化损失量（以N计）为4.5～9.6kg/hm²，3个有机肥替代处理均显著降低了小白菜生长季氮肥的反硝化损失量，降幅为39.58%～53.13%；空心菜种植阶段氮肥的反硝化损失量（以N计）为4.5～9.6kg/hm²，与Fb处理相比，F1、F2、F3处理均降低了空心菜生长季氮肥的反硝化损失量（14.58%、45.83%、53.13%），其中F2、F3处理达到统计学显著（$p<0.05$）。整个小白菜—空心菜轮作周期内反硝化损失量为9.7～19.1kg/hm²，占施氮量的2.4%～4.8%。

表4　蔬菜轮作期间反硝化氮素损失量及占施氮量比例

处理	反硝化氮素损失量（kg/hm²）			占施氮量（%）
	小白菜季	空心菜季	轮作全周期	
Fb	9.6a	9.6a	19.1a	4.8
F1	5.8b	8.2ab	14.0ab	3.5
F2	4.5b	5.2b	9.7b	2.4
F3	5.6b	4.5b	10.1b	2.5

5.5 试验期间种植季氮平衡

在不同施肥方式下，氮盈余量（以N计）分别为184.2kg/hm²（Fb）、158.9kg/hm²（F1）、144.2kg/hm²（F2）和121.1kg/hm²（F3）（图5）。可见，与常规施肥方式相比，有机肥替代技术降低了氮盈余量。氮素损失降低了13.7%～34.3%，且有机肥替代比例越大，氮盈余量越少。

5.6 旱地氮盈余模型校准与验证

将模型与实测值进行相关分析，利用不同的曲线拟合模型模拟值与田间实测值之间的关系，验证和校正氮盈余模型对氮素去向的拟合程度。结果发现模型模拟值与实测值之间的关系可以使用二次曲线拟合，且效果最好，决定系数（R^2）接近1，说明模型经过系数的校正可以很好地模拟菜地氮素的流失量（图6）。

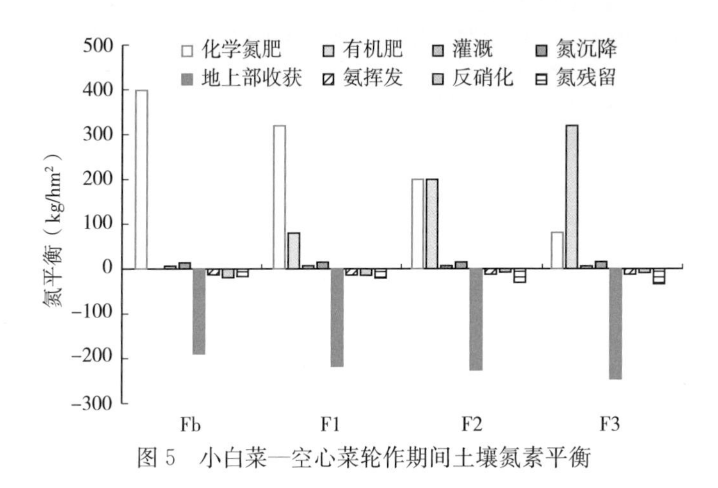

图 5　小白菜—空心菜轮作期间土壤氮素平衡

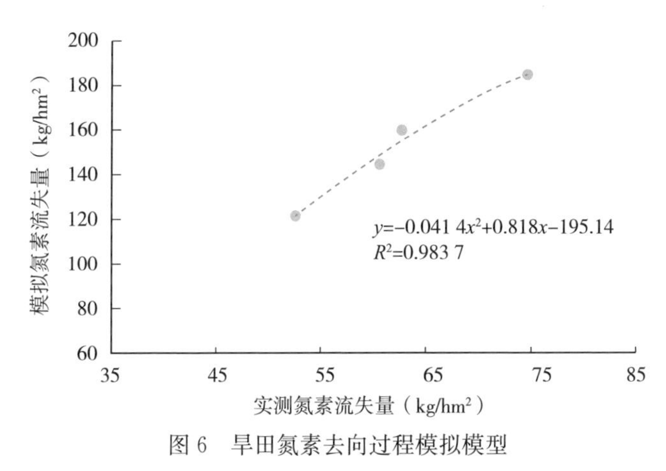

图 6　旱田氮素去向过程模拟模型

6　水田养分流失估算

在湖北峒山典型稻田采用自动化监测装备收集田间实测值，用氮盈余方法构建适合湖北地区估算氮素流失的模型。氮平衡模型所需样品采集及测定方法同“南北方氮磷流失差异性对照监测方案”4，土壤基本理化性质见表 5。

表 5　湖北土壤基本物理和化学性质

土层深度（cm）	容重（g/cm^3）	沙粒（%）	粉沙粒（%）	黏粒（%）	饱和含水量（%）	残余含水量（%）	α（1/cm）	n	饱和导水率（cm/d）
0～30	1.10	0.44	79.79	19.77	54	9	0.01	1.62	42.53
30～60	1.43	0.63	82.17	17.20	48	8	0.01	1.60	11.36
60～90	1.30	0.43	81.80	17.77	47	7	0.08	1.60	10.73

7　水田养分流失实测试验

以不同化肥减施处理下径流/淋溶液实时监测硝态氮、铵态氮和总氮的浓度来分别计算不同化肥减施处理下的硝态氮、铵态氮和总氮的流失量。如表 6 所示，水田氮素流失以淋溶为主，径流流失较少。整个稻季 4 种施肥处理氮素流失量分别为 62.34kg/hm^2、52.51kg/hm^2、57.72kg/hm^2 和 48.34kg/hm^2，化学氮肥减施可以减少氮素流失 7.4%～22.5%。可见，化肥减施有助于减少湖北峒山地区氮流失。

表 6　不同化肥减施处理硝态氮、铵态氮和总氮液态流失量

处理	径流流失量（kg/hm^2）			淋溶流失量（kg/hm^2）		
	硝态氮	铵态氮	总氮	硝态氮	铵态氮	总氮
Fb	17.71±1.32ab	1.29±0.12a	18.20±2.79ab	41.37±5.31a	1.45±0.38a	44.14±6.49a
F1	16.79±1.57ab	0.92±0.15b	17.31±1.94ab	31.13±4.48b	1.56±0.21a	35.20±4.73ab
F2	18.37±1.13a	1.03±0.14ab	20.29±2.58a	33.42±2.50b	0.96±0.27b	37.43±4.09ab
F3	12.04±0.87b	0.89±0.08c	14.75±1.81b	29.75±3.03c	0.76±0.15c	33.59±5.51c

8　水田模型计算

根据田间测定的土壤种植前后硝酸盐浓度、作物吸氮量、氨挥发量、氮沉降量等对氮盈余模型进行计算。

8.1 氮素输入量

由表 7 可知，氮素的输入主要是施肥，氮沉降和灌溉水所带入的氮素输入只占总输入量的约 10.8%，其余如种子带入的氮素几乎可以忽略不计。

表 7　2021 年水稻季湖北峒山地区氮素输入量

处理	氮素输入量（kg/hm²，以 N 计）			
	化学氮肥	有机氮肥	氮沉降	灌溉水
Fb	200	0	17.9	6.3
F1	160	40	17.9	6.3
F2	100	100	17.9	6.3
F3	40	160	17.9	6.3

8.2 氮素输出量

由表 8 可知，氮素的输出主要是作物的收获，约占整个氮素输入的 50%，氨挥发和反硝化所带来的氮素损失也不容小觑，约占整个氮素输入的 16%～21%。3 个化肥减施处理氮素输出分别比常规施肥处理高 9%、5.7%和 5.6%。

表 8　2021 年水稻季湖北峒山地区氮素输出量

处理	氮素输出量（kg/hm²，以 N 计）			
	地上部收获	氨挥发	反硝化	氮残留
Fb	103.5	17.18	26.78	25.85
F1	119.4	16.73	30.86	21.96
F2	120.1	14.93	21.10	27.07
F3	111.1	16.51	29.93	25.49

8.3 试验期间种植季氮平衡

在不同施肥方式下，氮盈余量（以 N 计）分别为 50.9kg/hm²

(Fb)、35.3kg/hm^2（F1）、41.0kg/hm^2（F2）和 41.2kg/hm^2（F3）（图 7）。可见，与常规施肥处理相比，有机肥替代技术降低了水田的氮盈余量。

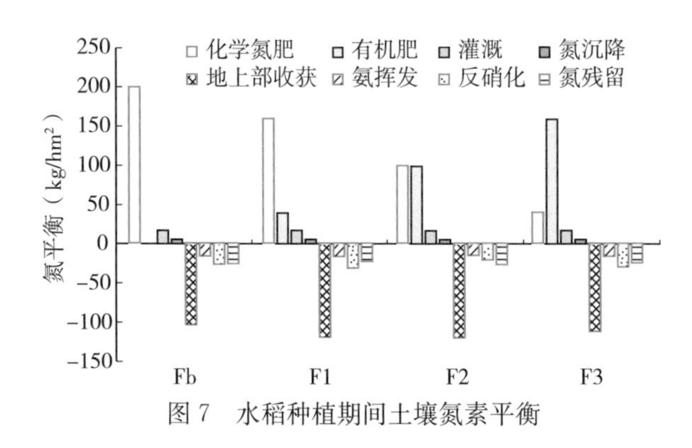

图 7　水稻种植期间土壤氮素平衡

8.4 水田氮盈余模型校准与验证

将模型与实测值进行相关分析，利用不同的曲线拟合模型模拟值与田间实测值之间的关系，验证和校正氮盈余模型对氮素去向的拟合程度。结果发现模型模拟量与实测值之间的关系可以使用二次曲线拟合，且效果最好，决定系数（R^2）超过 0.6，说明模型可以在一定程度上模拟湖北峒山地区的水田氮素流失情况（图 8）。

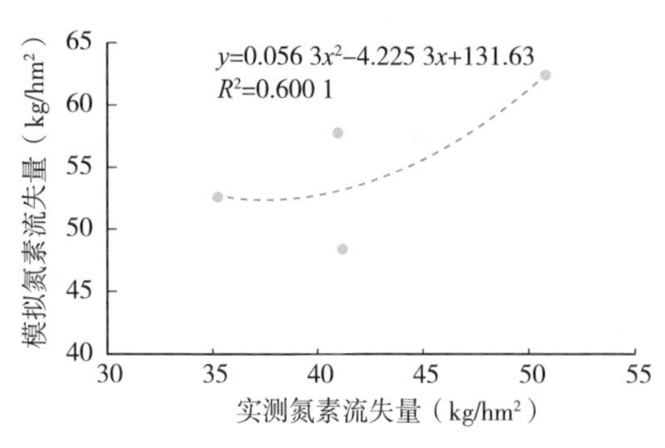

图 8　水田氮素去向过程模拟模型

9 结论与展望

农田生态系统中高氮盈余可能主要来源于有机肥和化肥的氮输入，也可能是因为肥料种类施用不当，作物氮素利用率不高。有机质中的氮在土壤中矿化缓慢，但矿化率取决于有机质的类型，其中作物残留物中的有机质矿化速度比腐殖土有机质较快。

有机肥与化肥配施处理中水稻、蔬菜氮素吸收量均高于单独施用化肥和单施有机肥处理，无论是单施化肥还是有机肥与化肥配施处理中土壤氮素投入均呈现盈余现象。表明当地当前肥料施用量中的氮素养分是过量的，提供过量的无机或有机氮不仅会降低氮的利用效率，还会增加氮对环境的损失风险，应减少氮肥的施用总量，以实现长期的农业和环境可持续性。

与添加有机肥处理相比，不添加有机肥处理中的氮输出水平较低，反映在不添加有机肥处理的氮盈余低于添加有机肥处理。主要表现为有机肥配施下的作物吸氮量要高于单施氮肥。

大部分残余氮与土壤有机氮库的变化有关，而有机氮库短期内不可用于作物吸氮和硝态氮淋溶。因此，基于长时间序列的施肥制度，能够更准确地评价土壤中的氮平衡。

优化氮肥管理使氮肥淋溶流失量较常规氮肥管理减少 32%～71%。与不施用秸秆的对照处理相比，施用秸秆可减少土壤硝态氮淋溶流失 12.7%～12.8%；常规施肥处理中土壤无机氮含量增加，特别是在深层土壤中（20～60cm）检测到了最高的氮盈余。与单施化肥相比，施用混合合成氮肥和粪肥能更有效地减少硝酸盐淋失。

氮盈余模型与传统的挖径流池、埋淋溶盘方法相比，具有前期投入少、采样频次低等优点，然而其精度方面因各地区种植制度与耕作习惯的不同而有所差异。就目前两个试验点的校验情况来看，对旱地的模拟较好，但校正系数过大；对水田的模拟情况一般，但与实际情况相接近。因此要开发出适合各地区的氮盈余模拟氮素流失的模型，还需要加大实验的广度和精度。

参 考 文 献

陈淼，邓晓，李玮，2019. 不同施肥处理对辣椒产量、品质及氮肥利用率的影响［J］. 江苏农业科学（4）：104－107.

陈平，熊朕豪，戴晓钰，2020. 油菜不同生长期覆盖度条件下农田排水特性研究［J］. 中国农村水利水电（12）：62－66.

陈仕高，李克阳，田文华，等，2019. 水稻秸秆还田替代化肥对油菜产量及耕地质量的影响［J］. 南方农业，13（S1）：73－75.

丁焕新，吴锡棋，陆阳，2021. 有机无机肥配施对稻麦产量及土壤质量的影响［J］. 浙江农业科学，62（3）：505－507，512.

付斌，刘宏斌，胡万里，等，2016. 施用牛粪对土壤—油菜系统氮素组分的影响［J］. 土壤通报，47（5）：1177－1183.

韩笑，席运官，田伟，等，2021. 有机肥施用模式对环水有机蔬菜种植氮磷径流的影响［J］. 中国生态农业学报（中英文），29（3）：465－473.

胡宏祥，汪玉芳，陈祝，等，2015. 秸秆还田配施化肥对黄褐土氮磷淋失的影响［J］. 水土保持学报，29（5）：101－105.

李娟，2016. 不同施肥处理对稻田氮磷流失风险及水稻产量的影响［D］. 杭州：浙江大学.

李娟，李松昊，邬奇峰，等，2016. 不同施肥处理对稻田氮素径流和渗漏损失的影响［J］. 水土保持学报，30（5）：23－28，33.

刘红江，陈虞雯，孙国峰，等，2017. 有机肥-无机肥不同配施比例对水稻产量和农田养分流失的影响［J］. 生态学杂志，36（2）：405－412.

刘玉学，吕豪豪，石岩，等，2015. 生物质炭对土壤养分淋溶的影响及潜在机理研究进展［J］. 应用生态学报，26（1）：304－310.

马凡凡，邢素林，甘曼琴，等，2019. 有机肥替代化肥对水稻产量、土壤肥力及农田氮磷流失的影响 [J]. 作物杂志 (5): 89-96.

缪杰杰，刘运峰，胡宏祥，等，2020. 不同施肥模式对稻田氮磷流失及产量的影响 [J]. 水土保持学报，34 (5): 86-93.

莫小玉，石磊，王雨沁，2021. 不同施肥处理对露地菜田径流水中氮磷肥流失的影响 [J]. 上海蔬菜 (1): 67-69.

苏卫，2020. 稻油两熟制下秸秆还田与氮肥施用对土壤理化特性和作物生长及产量的影响 [D]. 贵阳：贵州大学.

汤秋香，任天志，雷宝坤，等，2011. 洱海北部地区不同轮作农田氮、磷流失特性研究 [J]. 植物营养与肥料学报，17 (3): 608-615.

唐珧，刘平，白光洁，等，2017. 设施菜地氮素淋溶影响因素研究进展 [J]. 山西农业科学，45 (3): 473-476，481.

田昌，周旋，谢桂先，等，2018. 控释尿素减施对双季稻田径流氮素变化、损失及产量的影响 [J]. 水土保持学报，32 (3): 21-28.

王春梅，2011. 太湖流域典型菜地地表径流氮磷流失研究 [D]. 南京：南京农业大学.

王静，2020. 巢湖流域农业面源污染氮源解析及农艺控制技术研究 [D]. 武汉：华中农业大学.

王静，郭熙盛，王允青，等，2012. 巢湖流域不同耕作和施肥方式下农田养分径流流失特征 [J]. 水土保持学报，26 (1): 6-11.

王夏晖，刘军，王益权，2002. 不同施肥方式下土壤氮素的运移特征研究 [J]. 土壤通报 (3): 202-206.

王新霞，左婷，王肖君，等，2020. 稻—麦轮作条件下 2 种施肥模式作物产量和农田氮磷径流流失比较 [J]. 水土保持学报，34 (3): 20-27.

韦高玲，卓慕宁，廖义善，等，2016. 不同施肥水平下菜地耕层土壤中氮磷淋溶损失特征 [J]. 生态环境学报，25 (6): 1023-1031.

邬梦成，李鹏，张欣，等，2018. 不同有机物施用对油菜—红薯轮作模式下养分吸收利用的影响 [J]. 水土保持学报，32 (1): 320-326.

武凤霞，应梦真，李吉进，等，2019. 不同施肥种类对玉米产量及土壤性状的影响 [J]. 江苏农业科学，47 (3): 55-60.

习斌，翟丽梅，刘申，等，2015. 有机无机肥配施对玉米产量及土壤氮磷淋溶的影响［J］. 植物营养与肥料学报，21（2）：326－335.

夏文建，冀建华，刘佳，等，2018. 长期不同施肥红壤磷素特征和流失风险研究［J］. 中国生态农业学报，26（12）：1876－1886.

谢真越，卓慕宁，李定强，等，2013. 不同施肥水平下菜地径流氮磷流失特征［J］. 生态环境学报，22（8）：1423－1427.

杨坤宇，王美慧，王毅，等，2019. 不同农艺管理措施下双季稻田氮磷径流流失特征及其主控因子研究［J］. 农业环境科学学报，38（8）：1723－1734.

俞巧钢，叶静，马军伟，等，2011. 不同施氮水平下油菜地土壤氮素径流流失特征研究［J］. 水土保持学报，25（3）：22－25，30.

张世洁，张刚，王德建，等，2020. 秸秆还田配施氮肥对稻田增产及田面水氮动态变化的影响［J］. 土壤学报，57（2）：435－445.

赵庆雷，王凯荣，马加清，等，2009. 长期不同施肥模式对稻田土壤磷素及水稻磷营养的影响［J］. 作物学报，35（8）：1539－1545.

郑玲玲，雍毅，郭卫广，2018. 四川油菜地地表径流氮素流失特征研究［J］. 天津农业科学，24（1）：67－70.

周伟，吕腾飞，杨志平，等，2016. 氮肥种类及运筹技术调控土壤氮素损失的研究进展［J］. 应用生态报，27（9）：3051－3058.

朱浩宇，贾安都，王子芳，等，2021. 化肥减量对紫色土坡耕地磷素流失的影响［J］. 中国环境科学，41（1）：342－352.

朱坚，石丽红，田发祥，等，2013. 湖南典型双季稻田氨挥发对施氮量的响应研究［J］. 植物营养与肥料学报，19（5）：1129－1138.

Ke J，Xing X M，Li G H，et al.，2017. Effects of different controlled-release nitrogen fertilizers on ammonia volatilization，nitrogen use efficiency and yield of blanket-seedling machine-transplanted rice［J］. Field Crops Research，205：147－156.

Menge D N L，Hedin L O，Pacala S W，2012. Nitrogen and phosphorus limitation over long-term ecosystem development in terrestrial ecosystems［J］. Plo S One，7：e42045.

Shi Zuliang, Li Dandan, Jing Qi, et al., 2012. Effects of nitrogen applications on soil nitrogen balance and nitrogen utilization of winter wheat in a rice-wheat rotation [J]. Field Crops Research, 127.

Tilman D, Cassman K G, Matson P A, et al., 2002. Agricultural sustainability and intensive production practices [J]. Nature, 418 (6898): 671-677.

Yang Yunfei, Liu Shishan, Wu Yongcheng, 2017. Effects of nitrogen fertilizer nanagement on biological traits and physiological indexes at seedling stage and yield of directly-sown rapeseed [J]. Agricultural Science & Technology, 18 (12): 2401-2405, 2414.

图书在版编目（CIP）数据

南北方农田地表氮磷流失监测比对报告 / 杨波，申锋著. —北京：中国农业出版社，2023.12
ISBN 978-7-109-31210-4

Ⅰ.①南…　Ⅱ.①杨… ②申…　Ⅲ.①农田－土壤氮素－水土流失－土壤监测－研究－中国②农田－土壤磷素－水土流失－土壤监测－研究－中国　Ⅳ.①S153.6 ②X833

中国国家版本馆 CIP 数据核字（2023）第 194512 号

中国农业出版社出版
地址：北京市朝阳区麦子店街 18 号楼
邮编：100125
责任编辑：郭　科
版式设计：杨　婧　　责任校对：吴丽婷
印刷：北京通州皇家印刷厂
版次：2023 年 12 月第 1 版
印次：2023 年 12 月北京第 1 次印刷
发行：新华书店北京发行所
开本：880mm×1230mm　1/32
印张：2.75
字数：69 千字
定价：40.00 元